JN060404

アクセスノート科学と人間生活 もくじ

※ 2〜5章では1節，2節のうち，どちらかを選択して学習してください。

1 科学と技術の発展

1 科学と技術の始まり

人名	功績
コペルニクス	自然を観察して**地動説**を提唱
ガリレオ	望遠鏡での天体観測から地動説を確立
デカルト	「自然は機械として理解できる」という**機械論**を提唱
ニュートン	**万有引力の法則**を発見

2 海

海中の生態系
生産者…プランクトン，海藻
消費者…プランクトン，小魚，大きな魚

深海の生態系
…熱水噴出孔のまわりで生物が発見された
　光合成生物とは異なる方法でエネルギーをとり出すバクテリアが存在

海底にあるプレート
…プレートの移動によって大陸が移動したり，海底が拡大したりしている。

海底資源
・メタンハイドレート（メタン水和物）
・鉱物資源

発電　潮流，潮汐，海洋温度差，風力など，さまざまな可能性がある。

3 土

土壌　固相，液相，気相からなる。

土壌の形成
1) 岩石が破砕される。
2) 植物の枝や葉が落ちて有機物を供給する。
3) 動物，微生物が分解して土壌ができる。

自然界での土壌の役割
(1) 植物を支え，育てる。
(2) 水と空気を蓄える。
→地球上の水循環の重要な経路となっている。
(3) 微生物や小動物が遺骸や排泄物，有機物を分解し，遊離した元素は大気・土壌に放出され，再び生物に利用される。

農地の生物
・**微生物**　根粒菌，菌根菌など
　　　　　　病原体となる微生物
・**小動物**　害虫：作物を食べるもの
　　　　　　益虫：害虫を食べるもの

・**植物**　　作物以外にも，雑草が生える。
・**野生鳥獣**

肥料
窒素，リン酸，カリウムが不足しやすい。
窒素…工業生産により大量に供給されるようになった。
　　　　流出による富栄養化や資源枯渇の問題に注意する必要がある。

科学技術の活用
・自然エネルギー　太陽光，風力，バイオマスなど
・バイオテクノロジー
・コンピュータ

ポイントチェック

□(1) 海中の生態系において，光合成をする生産者を二つ答えよ。
（　　　　　　　）（　　　　　　　）

□(2) 深海において生産者の役割をしている生物は，どのような生物か。（　　　　　　　）

□(3) 多くの火山や地震を生み出しているのは，何の移動か答えよ。（　　　　　　　）

□(4) メタン分子が低温・高圧の深海底で水分子のかごに囲まれた構造をとり，白い氷のような状態で存在するものを何というか。（　　　　　　　）

□(5) 深海底に存在する，レアアースを高濃度に含む泥を何というか。（　　　　　　　）

□(6) 直径 2 ～ 15 cm の楕円体のマンガン酸化物で，海底面上に分布するものを何というか。
（　　　　　　　）

□(7) 土壌を構成するのは固相，気相と何か。
（　　　　　　　）

□(8) マメ科植物の根と共生し，空気中の窒素を固定する細菌の名称を答えよ。（　　　　　　　）

□(9) 農地にいる生物のうち，作物を食べるのは害虫か，益虫か。（　　　　　　　）

□(10) 1913 年にアンモニアの合成に成功した科学者の名前を答えよ。（　　　　　　　）

□(11) バイオエタノールやバイオプラスチックなど，生物由来の資源のことを何というか。
（　　　　　　　）

EXERCISE

▶**1** 次の人名に適した説明を右の①〜④から選び，記号で答えよ。

(1) コペルニクス （　　　） ① 万有引力の法則

(2) ガリレオ （　　　） ② 地動説の提唱

(3) デカルト （　　　） ③ 機械論（自然は機械として理解できる）

(4) ニュートン （　　　） ④ 地動説の確立

▶**2** 次の文章を読んで下の問いに答えよ。

　日本では，さまざまな海洋探査が進められている。たとえば，深海底に存在する_ア生物の研究や，_イプレートの運動によって引き起こされるさまざまな地質現象の研究である。また，海底にはさまざまな資源が存在することもわかっている。潮流や潮汐，風を利用した発電などの開発も進められており，海洋の利用には，さまざまな可能性が残されている。

(1) 下線アについて，海中の生物について述べた以下の文のうち，正しいものを一つ選べ。

　① 水深2000 mを超える深海では，光合成をする生物が生産者である。

　② 植物プランクトンは太陽のエネルギーが届かない深海底でも光合成をすることができる。

　③ 海底の熱水の噴出孔のまわりには生物は存在しない。

　④ 海底下の原油や天然ガスが存在する場所にも生物が存在する。 （　　　　）

(2) 下線イについて，プレートの運動によって引き起こされる現象でないものを以下の選択肢から一つ選んで答えよ。

　【地震　台風　火山　大陸の移動　海底の拡大】 （　　　　）

(3) 深海底に存在する，メタンを中心に水分子が周囲をとり囲んだ形の構造の物質を何というか。

（　　　　）

▶**3** 農地における生物について，(1)〜(4)にあてはまる生物を語群から選んで答えよ。

(1) 害虫を食べる肉食性の生物 （　　　　）

(2) 植物の根と共生し，空気中の窒素を固定して植物が利用できる形にする

（　　　　）

(3) 植物の根と共生して，リン酸を集めたり，水分吸収を助けたりする （　　　　）

(4) 作物の病原体となる （　　　　）

> **語群** 根粒菌　タバコモザイクウイルス　イノシシ　テントウムシ
> 菌根菌　シアノバクテリア　ハスモンヨトウ

▶**4** 以下の文中の（　　　）にあてはまる語句を語群から選んで答えよ。

　土壌は，風化した岩石と落ち葉などが分解されてできる（　ア　）が合わさってできている。植物は，土壌中のさまざまな元素を利用して生育しているが，作物を育てる際には，不足しやすい窒素，リン酸，カリウムなどを肥料として施すことが多い。なかでも（　イ　）はタンパク質に欠かせない元素である。（　イ　）は，1913年にF.ハーバーが窒素と水素を高温・高圧で反応させて（　ウ　）を合成することに成功し，工業生産により大量に供給されるようになった。

語群　鉱物　腐植　微生物　窒素　リン酸　カリウム　アンモニア　DNA　グルコース

（ア　　　　　　　）（イ　　　　　　　）（ウ　　　　　　　）

1　原子・分子

- **原子**…物質を構成する最小の粒子。
  1. それ以上分割できない。
  2. ほかの種類の原子に変わったり，無くなったり，新しくできたりしない。
  3. 原子の種類によって，質量や大きさが決まっている。

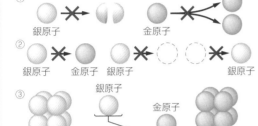

① 銀原子　金原子
② 銀原子　金原子　金原子　銀原子
③ 銀原子　金原子

- **分子**…物質の性質を示す単位となる粒子。いくつかの原子が結びついてできる。
- **化学式**…物質を原子の記号を用いて表したもの。

化学式の表すこと

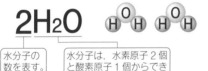

$$2H_2O$$

水分子の数を表す。

水分子は，水素原子2個と酸素原子1個からできている。（1は省略する）

- **単体**……1種類の原子からできている物質。
- **化合物**…2種類以上の原子からできている物質。
- **化学反応式**…化学変化を化学式で表したもの。

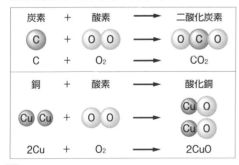

炭素	+	酸素	→	二酸化炭素
C	+	O_2	→	CO_2
銅	+	酸素	→	酸化銅
$2Cu$	+	O_2	→	$2CuO$

2　原子とイオン

- **原子の構造**…＋の電気を帯びた**原子核**が中心にあり，そのまわりを－の電気を帯びた**電子**が回っている。

- **原子核**…原子の中心にあり，＋の電気を帯びた**陽子**と電気を帯びていない**中性子**から構成される。

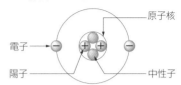

電子　原子核　陽子　中性子

＋の電気の量＝－の電気の量　である。
原子全体としては電気を帯びていない。

- **イオン**…原子などが電気を帯びたもの。電子を失って，＋の電気を帯びたものが**陽イオン**，電子を受け取って，－の電気を帯びたものが**陰イオン**である。

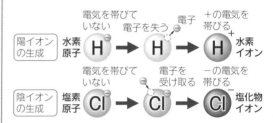

陽イオンの生成　水素原子　電気を帯びていない　電子を失う　電子　＋の電気を帯びる　水素イオン

陰イオンの生成　塩素原子　電気を帯びていない　電子を受け取る　－の電気を帯びる　塩化物イオン

- **イオン式**

  陽イオン

  水素イオン H^+，ナトリウムイオン Na^+，銅イオン Cu^{2+} など

  陰イオン

  塩化物イオン Cl^-，水酸化物イオン OH^- など

3　水溶液とイオン

- **電離**………水溶液中で陽イオンと陰イオンに分かれること。
- **電解質**……水に溶かしたときに電離して，生じたイオンにより電流が流れる物質。
- **非電解質**…水に溶かしても電離せず，電流が流れない物質。

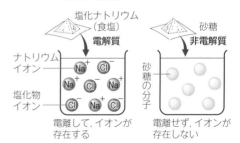

塩化ナトリウム（食塩）　**電解質**　砂糖　**非電解質**

ナトリウムイオン　塩化物イオン　砂糖の分子

電離して，イオンが存在する　電離せず，イオンが存在しない

確認問題

✓ 基礎チェック

□(1) 原子は物質をつくる最小の粒で，それ以上分割できないとされているが，現在では，その構造も明らかになっている。原子の中心には，＋の電気を帯びた（　　　　　　　）と電気を帯びていない（　　　　　　　　）からできている（　　　　　　　）があり，そのまわりを－の電気を帯びた（　　　　　）が飛び回っている。

□(2) 右図は，原子がイオンになるようすを表した模式図である。原子は全体として電気を帯びていないが，原子は（　　　　　　　）を失ったり，受け取ったりすることがあり，図のAのように電子を失って{　＋　・　－　}の電気を帯びたものを（　　　　　　）イオン，図のBのように電子を受け取って{　＋　・　－　}の電気を帯びたものを（　　　　　）イオンという。

 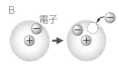

A 電子　　原子　電子を失う
B 電子　　原子　電子を受け取る

□(3) 1種類の原子だけでできている物質を（　　　　　　）といい，2種類以上の原子でできている物質を（　　　　　）という。

---

1 次の各問いに答えよ。

(1) 次の(ア)～(ウ)の分子をモデルで表せ（水素原子を○，酸素原子を◎，窒素原子を◉，炭素原子を●で表すものとする）。また，化学式でも表せ。

(ア)　水

（モデル）

（化学式）

(イ)　アンモニア

（モデル）

（化学式）

(ウ)　二酸化炭素

（モデル）

（化学式）

(2) 次の物質を単体と化合物に分けよ。

塩素　　二酸化炭素　　塩化ナトリウム　　銅　　アンモニア　　酸素

単　体【　　　　　　　　　　　　　　　　　　　　　　　　　】
化合物【　　　　　　　　　　　　　　　　　　　　　　　　　】

(3) 次の(ア)，(イ)の化学反応を化学反応式で表せ。

(ア)　銅　＋　酸素　→　酸化銅

(イ)　水の電気分解（水　→　水素　＋　酸素）

2 右図について答えよ。

(1) 図1のように塩化ナトリウム（食塩）は2種類のイオンに分かれている。このように水に溶けてイオンに分かれることを何というか。

【　　　　　　　　】

(2) イオンを含む水溶液には，電流が流れる。塩化ナトリウムのように，水に溶かしたときに電流が流れる物質を何というか。【　　　　　　　　】

(3) 砂糖は分子をつくっていて，図2のように，水に溶けてもイオンに分かれないので，電流は流れない。このように，水に溶かしても電流が流れない物質を何というか。【　　　　　　　　】

塩化ナトリウム水溶液（食塩水）
ナトリウムイオン
塩化物イオン
図1

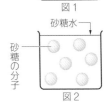

砂糖水
砂糖の分子
図2

化学分野の入門（2）

電気分解と電池／
実験器具の使い方

❶ 電気分解とイオン

水溶液中の陽イオンが陰極へ，陰イオンが陽極へ移動する。

◇ HCl の電気分解◇

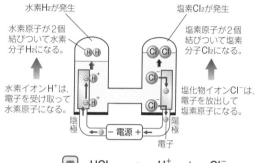

水素H$_2$が発生

水素原子が2個結びついて水素分子H$_2$になる。

塩素Cl$_2$が発生

塩素原子が2個結びついて塩素分子Cl$_2$になる。

水素イオンH$^+$は，電子を受け取って水素原子になる。

塩化物イオンCl$^-$は，電子を放出して塩素原子になる。

陰極

陽極

－ 電源 ＋

電子

電離	塩酸の電気分解	

電離	$HCl \longrightarrow H^+ + Cl^-$
	塩化水素　水素イオン　塩化物イオン

反応式	$2HCl \longrightarrow H_2 + Cl_2$
塩酸の電気分解	塩化水素　水素　塩素

結果	陽極（＋極）…塩素が発生。
	陰極（－極）…水素が発生。

◇ CuCl$_2$ の電気分解◇

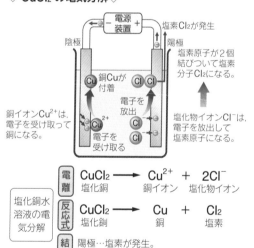

電源装置

塩素Cl$_2$が発生

陰極

陽極

銅Cuが付着

塩素原子が2個結びついて塩素分子Cl$_2$になる。

銅イオンCu^{2+}は，電子を受け取って銅になる。

電子を放出

電子を受け取る

塩化物イオンCl$^-$は，電子を放出して塩素原子になる。

電離	$CuCl_2 \longrightarrow Cu^{2+} + 2Cl^-$
	塩化銅　銅イオン　塩化物イオン

反応式	$CuCl_2 \longrightarrow Cu + Cl_2$
塩化銅水溶液の電気分解	塩化銅　銅　塩素

結果	陽極…塩素が発生。
	陰極…銅が付着。

❷ 電池とイオン

電解質の水溶液に2種類の金属を入れて導線でつなぐと，電流が流れる。この装置を**電池**という。電池は物質がもつ**化学エネルギー**を，**化学変化により電気エネルギーに変換**している。

〈薄い塩酸に亜鉛板と銅板を入れた場合〉

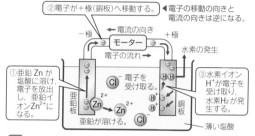

②電子が＋極（銅板）へ移動する。

電子の移動の向きと電流の向きは逆になる。

－極　電流の向き　＋極

モーター

電子の流れ

①亜鉛 Zn が塩酸に溶け，電子を放出し，亜鉛イオンZn^{2+}になる。

亜鉛板

亜鉛が溶ける。

電子を受け取る。

③水素イオンH$^+$が電子を受け取り，水素H$_2$が発生する。

銅板

水素の発生

薄い塩酸

結果	－極（亜鉛板）…亜鉛が溶ける。
	＋極（銅板）　…水素が発生。

❸ 実験器具の使い方

◇ガスバーナー（火のつけ方）◇

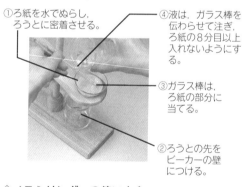

①ガスの元栓を開いてマッチに火をつけ，ガス調節ねじを回して点火する。

②ガス調節ねじをさらに回し，炎の大きさを調節する。

③ガス調節ねじを押さえ，空気調節ねじを回し，青色の炎にする。

◇ろ過のしかた◇

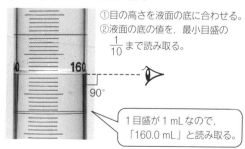

①ろ紙を水でぬらし，ろうとに密着させる。

④液は，ガラス棒を伝わらせて注ぎ，ろ紙の8分目以上入れないようにする。

③ガラス棒は，ろ紙の部分に当てる。

②ろうとの先をビーカーの壁につける。

◇メスシリンダーの使い方◇

①目の高さを液面の底に合わせる。
②液面の底の値を，最小目盛の$\frac{1}{10}$まで読み取る。

90°

1目盛が1mLなので，「160.0 mL」と読み取る。

確認問題

☑ 基礎チェック

□(1) 薄い塩酸の電気分解では，陽極から（　　　　　　　），陰極から（　　　　　　　　）が発生する。

□(2) 電池は（　　　　　　）エネルギーを化学変化によって（　　　　　　　）エネルギーに変換している。

1 70℃の硝酸カリウムの飽和水溶液の温度を20℃に下げ，出てきた硝酸カリウムの結晶をろ過して取り出した。ろ過の正しい操作を，右図の①〜④から一つ選べ。　【　　　　　】

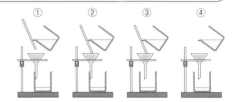

2 100 cm³用のメスシリンダーに水を入れたところ，右図のようになった。

(1) 水の体積は何cm³か。　【　　　　　】

(2) ここに小球を入れると，小球は完全に沈み，全体の体積は22.3 cm³になった。この小球の体積は何cm³か。　【　　　　　】

3 ガスバーナーの点火と消火の順序を正しく組み合わせたものを，下表の①〜④から一つ選べ。　【　　　　　】

a ガス調節ねじをア方向に回す。　　b ガス調節ねじをイ方向に回す。

c ガス調節ねじを押さえて，空気調節ねじをア方向に回す。

d ガス調節ねじを押さえて，空気調節ねじをイ方向に回す。

e 元栓を開く。　　f 元栓を閉める。

g ガス調節ねじと空気調節ねじが閉まっていることを確認する。

h ガスに点火する。　　i マッチに火をつける。

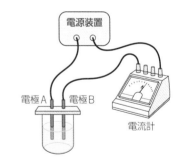

	点火するときの順序	消火するときの順序
①	e→g→i→b→h→d	a→f
②	e→g→a→i→h→c	b→f
③	g→e→b→i→h→d	c→a→f
④	g→e→i→a→h→c	d→b→f

4 右図のような装置で塩化銅（CuCl₂）水溶液を電気分解したところ，電極Aには赤茶色の物質が付着し，電極Bからは気体が発生した。

(1) 塩化銅の水溶液中の電離のようすをイオン式で表せ。

【　　　　　　　　　　　　　　】

(2) 電極Aに付着した物質は何か。　【　　　　　】

(3) 電極Bから発生した気体は何か。　【　　　　　】

(4) 陰極はA，Bのどちらか。　【　　　　　】

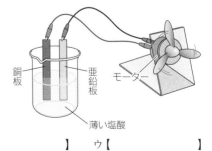

5 右図のように，薄い塩酸に銅板と亜鉛板を入れ，モーターにつないだところ，モーターが回った。

(1) −極になっているのは，銅板，亜鉛板のどちらか。

【　　　　　】

(2) 次の文のア〜ウに当てはまる語句を答えよ。

塩酸中の（　ア　）が銅板から（　イ　）を受け取り，（　ウ　）となって発生する。

ア【　　　　　】　イ【　　　　　】　ウ【　　　　　】

1 物質のなりたち

1 物質の成り立ち　📖 p.4 【1】

物質
- 単体
  - 1種類の原子からできている
  - (例)鉄を分解すると鉄原子1種類
- 化合物
  - 2種類以上の原子からできている
  - (例)二酸化炭素，水など

2 原子・分子・イオン　📖 p.4 【2】

原子
- 原子核
  - 陽子……正の電荷をもつ
  - 中性子…電荷をもたない
- 電子……負の電荷をもつ

原子の種類(元素)は100種類以上

分子
- 原子がいくつか結びついたもの
- 電気的に中性

イオン
- 陽イオン
  - 原子が電子を失ったもの
  - 正の電荷をもつ
- 陰イオン
  - 原子が電子を受け取ったもの
  - 負の電荷をもつ

3 元素の性質と周期表

元素を原子番号の順番に並べると，性質のよく似た元素が周期的に現れる(周期律)。

周期表の作成者はメンデレーエフ。

族	1	2	3	4	5	6	7	8	9	10	11	12	13	14	15	16	17	18
第1周期	H																	He
第2周期	Li	Be											B	C	N	O	F	Ne
第3周期	Na	Mg											Al	Si	P	S	Cl	Ar
第4周期	K	Ca	Sc	Ti	V	Cr	Mn	Fe	Co	Ni	Cu	Zn	Ga	Ge	As	Se	Br	Kr

縦の列を族(1～18)，横の行を周期という。

- 金属元素……電子を失って陽イオンになりやすい。
  表で塗りつぶしてある部分(表の左下)。
- 非金属元素…電子を受け取って陰イオンになりやすい。
  表で塗っていない部分(表の右上)。

4 化学結合

金属結合	金属元素と金属元素
イオン結合	金属元素と非金属元素
共有結合	非金属元素と非金属元素

- 原子価…共有結合を形成する時に用いられる電子の数

水素	塩素	酸素	窒素	炭素
H—	Cl—	—O—	N(三本線)	C(四本線)
1価	1価	2価	3価	4価

ポイントチェック

□(1) 単体の例を二つあげよ。
( ) ( )

□(2) 化合物の例を二つあげよ。
( ) ( )

□(3) 原子核を構成する粒子を二つ答えよ。
( ) ( )

□(4) 原子の中で負の電荷をもつ粒子を答えよ。
( )

□(5) 原子の中で電荷をもたない粒子を答えよ。
( )

□(6) 原子番号と同数存在する粒子を答えよ。
( )

□(7) 元素を原子番号の順に並べると，性質の似たものが周期的に現れる。これを何というか。
( )

□(8) 周期表は何に従って元素を並べてあるか。
( )

□(9) 周期表をつくった人は誰か。
( )

□(10) 横の行と縦の列をそれぞれ何というか。
行( )　列( )

□(11) 電子が取れて陽イオンになりやすい周期表の左下を占める元素を何というか。
( )

□(12) 電子を受け取って陰イオンになりやすい，周期表の右上を占める元素を何というか。
( )

□(13) 金属元素どうしの結合を何というか。
( )

□(14) 金属元素と非金属元素の結合を何というか。
( )

□(15) 非金属元素どうしの結合を何というか。
( )

□(16) 次の原子の原子価を答えよ。

H	Cl	O	N	C

EXERCISE

▶1 次の言葉を例をあげて説明せよ。

(1) 単体

( )

(2) 化合物

( )

▶2 下図は，原子の構造である。次の(1)〜(3)に適する言葉を答えよ。

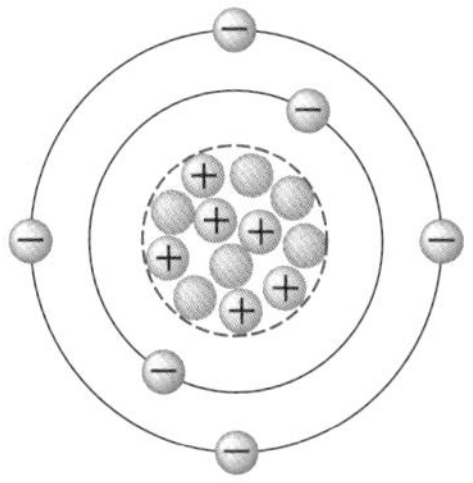

(1) 原子の中央にある，◉や⊕のかたまり ( )

(2) (1)のまわりを回る負の電荷をもつ粒子 ( )

(3) (1)の中にあり，正の電荷をもつ粒子 ( )

▶3 下図は，周期表の大まかな配置である。次の(1)〜(4)の言葉に適する場所を(ア)〜(キ)から選び，記号ですべて答えよ。

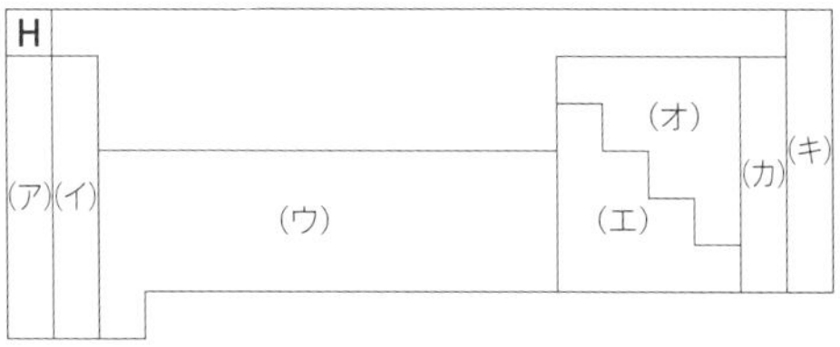

(1) 金属元素 ( )

(2) 非金属元素 ( )

(3) 典型元素 ( )

(4) 遷移元素 ( )

▶4 次の(1)〜(5)に適する言葉を語群より選び，記号で答えよ。

(1) 周期表をつくった人 ( )

(2) 電子を受け取って陰イオンになりやすい元素 ( )

(3) 電子を失って陽イオンになりやすい元素 ( )

(4) 周期表の両端に位置し，周期律が典型的に現れる元素 ( )

(5) 周期表の中央に位置し，横に並ぶ元素どうしがよく似た性質を示す元素 ( )

《語群》

① 金属元素 ② 非金属元素 ③ 遷移元素

④ 典型元素 ⑤ メンデレーエフ ⑥ ツルゲーネフ

▶5 次の(1)〜(3)の組み合わせの，原子の結合の種類を答えよ。

(1) Na と Cl ( )

(2) H と Cl ( )

(3) Ca どうし ( )

▶6 H，C，N，O の各原子について，原子価の大きいものから順に並べよ。

(→ → →)

2 金属の用途と特性

1 金属の用途

- **主な金属**
  (例)金，銀，銅，鉄，アルミニウム
- **合金**…複数の金属を混ぜ合わせ凝固させたもの。
  (例)青銅，黄銅，白銅，ステンレス鋼，ジュラルミン

2 金属の製錬

- **金属製錬**…高温に加熱して酸素や目的以外の金属を除去する。
- **電解精錬**…電気分解により目的の金属を電極に析出させる。

鉄

特徴	最も生産量が多い
用途	建築・土木から包丁までさまざまな用途
原料	赤鉄鉱(Fe_2O_3)，磁鉄鉱(Fe_3O_4)
製法	コークスや石灰石とともに加熱
反応	$Fe_2O_3 + 3CO \rightarrow 2Fe + 3CO_2$

アルミニウム

特徴	銀白色のやわらかく密度の低い金属 鉄の次に生産量が多い
用途	飲料水の缶や窓枠，車体など
原料	ボーキサイト
製法	溶融塩電解(氷晶石で融点を下げる)
反応	陰極で Al^{3+} が電子を受け取って Al ができる

溶融塩電解は，融解塩電解ともいう。

銅

特徴	光沢のある赤い色，やわらかく加工しやすい
用途	電気をよく通すので電線として使われる
原料	黄銅鉱($CuFeS_2$)
製法	黄銅鉱を化学処理して粗銅をつくり電解精錬
反応	陽極で Cu が電子を出して Cu^{2+} になる 陰極で Cu^{2+} が電子をもらい純粋な銅が析出

3 金属の特性

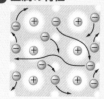

- **金属結合**…自由電子による結合。原子が規則正しく配列。金属全体を電子が自由に移動。
- **金属の特徴**
  ①展性・延性に富み加工しやすい。
  ②電気伝導性がよい。
  ③熱伝導性がよい。
  ④表面が滑らかで独特の光沢があり，光を反射する。
  ⑤さびたり腐食したりしやすい。

4 金属のイオン化傾向 p.4 2

金属の陽イオンへのなりやすさのめやす。大きいほどイオンになりやすく，小さいほど金属に戻りやすい。

- **イオン化列**…イオン化傾向の大きさの順に並べたもの
Li K Ca Na Mg Al Zn Fe Ni Sn Pb (H_2) Cu Hg Ag Pt Au
(リカちゃんカナちゃんまああてにすんなひどすぎる借金と覚えるとよい)

5 レアメタル

地球上で少量しか生産されない金属。
(例)携帯電話…In，Li，Co，Pd など

ポイントチェック

☐(1) 金属を製錬する方法を二つ答えよ。
（　　　　　　　　）（　　　　　　）

☐(2) 鉄の原料を2種類答えよ。
（　　　　　　　　）（　　　　　　）

☐(3) アルミニウムの原料を答えよ。
（　　　　　　　　）

☐(4) アルミニウムの製法はどのようなものか。
（　　　　　　　　）

☐(5) 銅の原料を答えよ。
（　　　　　　　　）

☐(6) 銅の製法はどのようなものか。
（　　　　　　　　）

☐(7) 銅の製錬において，陽極の下にたまる元素は何か。（　　　　　　　）

☐(8) 金属原子を結びつける粒子を何とよぶか。
（　　　　　　　　）

☐(9) 金属の特徴を五つ答えよ。
（　　　　　　　）（　　　　　　）
（　　　　　　　）（　　　　　　）
（　　　　　　）

☐(10) 金属のイオン化傾向を大きい順に答えよ。
（
　　　　　　　　　　　　　　　　）

☐(11) 携帯電話に使われるレアメタルを三つ答えよ。
（　　　　　）（　　　　　）（　　　　　）

EXERCISE

▶**1** 鉄は地殻中に酸化物の形で存在し，資源として使うにはこの化合している酸素を取り除く必要がある。また，放置すると酸素と化合してもとの酸化物に戻るため，さびを防止する処理も欠かせない。次の問いに答えよ。

(1) 赤鉄鉱(Fe_2O_3)を一酸化炭素で還元して鉄をつくる化学反応式を書け。

（　　　　　　　　　　　　　　　）

(2) ステンレス鋼は，鉄を主成分としたさびにくい合金である。ステンレス鋼を構成する鉄以外の元素を次からすべて選び，記号で答えよ。 （　　　　　　）

① スズ ② 亜鉛 ③ 銅 ④ ニッケル
⑤ クロム ⑥ マグネシウム

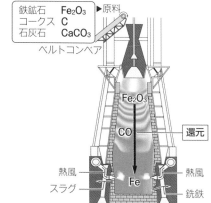

▶**2** アルミニウムは，下図のようにアルミナ(Al_2O_3)を高温で融解した液体（溶融塩）を電気分解（溶融塩電解）することで製造する。

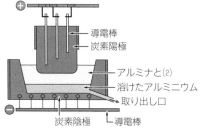

(1) 炭素陰極で Al^{3+} はどうなるか，説明せよ。

（　　　　　　　　　　　　　　　　　　　　　）

(2) アルミナの融点を下げるために加える物質の名称を答えよ。

（　　　　　　　）

▶**3** 銅は，粗銅を陽極に，純銅を陰極に，硫酸銅(Ⅱ)を電解質として電気分解を行うことで純度を上げる。

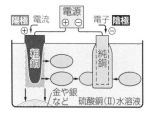

(1) 陽極で Cu はどうなるか，説明せよ。

（　　　　　　　　　　　　　　　　　　　　　）

(2) 陰極で Cu^{2+} はどうなるか，説明せよ。

（　　　　　　　　　　　　　　　　　　　　　）

▶**4** 金属は，全体を自由電子が自由に運動することによって結合している。

(1) 金属が電気を通す理由を説明せよ。

（　　　　　　　　　　　　　　　　　　　　　　　　　　）

(2) 金属はたたいて薄くしたり，引き延ばしたりすることができる。この理由を説明せよ。

（　　　　　　　　　　　　　　　　　　　　　　　　　　）

▶**5** 次の金属の用途や製法に適したものを下の①〜③から選び，記号で答えよ。

銅（　　　　） 鉄（　　　　） アルミニウム（　　　　）

① ボーキサイトを原料として溶融塩電解でつくられる。
② 電気を通しやすく，硬貨や楽器などに使われる合金の成分としても使われる。
③ 建築や機械など人類が最も多量に使う金属。ステンレス鋼の主成分としても使われる。

3 プラスチックの基礎

1 高分子化合物
- 高分子…分子がたくさん結合して巨大になった化合物

高分子 ┬ 天然…デンプン，セルロース，タンパク質
　　　　└ 合成 ┬ 合成繊維…衣料
　　　　　　　　├ 合成樹脂…容器，材料
　　　　　　　　└ 合成ゴム…タイヤ，ホース

- 熱可塑性樹脂…熱を加えると軟らかくなり，冷やすともとに戻る。
  (例)ポリエチレン，ポリプロピレン
- 熱硬化性樹脂…加熱しても軟らかくならない。
  (例)フェノール樹脂，尿素樹脂

2 プラスチックの特徴

利点 ┬ 軽い
　　　├ 酸や塩基などの薬品におかされにくい
　　　├ 電気を通しにくい
　　　└ 加工しやすい

欠点 ┬ 製造に多くのエネルギーを使用する
　　　└ 分解しにくいので環境に大きな影響を及ぼす

3 プラスチックの構造

付加重合　　　　　　縮合重合

単量体（モノマー）

重合体（ポリマー）

- 付加重合…二重結合が切れて重合する。
  (例)ポリスチレン，ポリエチレンなど。
- 縮合重合…小さな分子がとれて重合する。
  (例)ポリエチレンテレフタラートなど。
  2種類以上のモノマーが重合すれば共重合。
  (例)スチレンブタジエンゴムなど。

4 プラスチックの合成

重合体(ポリマー)	単量体(モノマー)
フェノール樹脂	フェノール，ホルムアルデヒド
ポリスチレン	スチレン
尿素樹脂	尿素，ホルムアルデヒド

5 塩素の検出と燃え方の違い
- 成分元素の検出…塩素(炎色反応で確認)
  (例)焼いた銅線をポリ塩化ビニルにつける。
  　　その銅線を再び加熱する→銅の炎色反応(青緑)

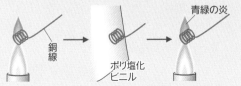

銅線
ポリ塩化ビニル
青緑の炎

- 炭素間結合の判別…炎の色とすす
  (例)二重結合があるとすすが発生して炎が明るくなる。
  　　単結合で構成される物質は透明な炎を出す。

メタン

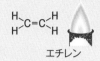
エチレン

ポイントチェック

□(1) 天然高分子の例を三つ答えよ。
　　　(　　　　　　　　)(　　　　　　　　)
　　　　　　　　　　　　(　　　　　　　　)

□(2) 合成高分子の例を三つ答えよ。
　　　(　　　　　　　　)(　　　　　　　　)
　　　　　　　　　　　　(　　　　　　　　)

□(3) 重合する前の小さな分子のことを何というか。
　　　　　　　　　　　　(　　　　　　　　)

□(4) 重合したあとの大きな分子のことを何というか。(　　　　　　　　)

□(5) 二重結合が切れて互いの分子がつながる反応を何というか。(　　　　　　　　)

□(6) 分子の間で小さな分子がとれてつながる反応を何というか。(　　　　　　　　)

□(7) 2種類以上の物質が付加重合する反応を何というか。(　　　　　　　　)

□(8) プラスチックの特徴を三つ答えよ。
　　　(　　　　　　　　　　　　　　　　)
　　　(　　　　　　　　　　　　　　　　)
　　　(　　　　　　　　　　　　　　　　)

□(9) フェノール樹脂の原料を二つ答えよ。
　　　(　　　　　　　　)(　　　　　　　　)

□(10) ポリスチレンの原料と重合法を答えよ。
　　　　　　　原料(　　　　　　　　)
　　　　　　　重合法(　　　　　　　　)

□(11) 尿素樹脂の原料を二つ答えよ。
　　　(　　　　　　　　)(　　　　　　　　)

□(12) 熱を加えて重合体を単量体に戻すことを何というか。(　　　　　　　　)

□(13) 加熱した銅線につけて青緑色の炎色反応が見られたときに検出される元素は何か。
　　　　　　　　　　　　(　　　　　　　　)

E X E R C I S E

▶**1** 次の(1)〜(3)に適した語を語群よりすべて選び，記号で答えよ。

(1) 天然に存在する高分子化合物である。 （　　　　）

(2) 合成高分子で付加重合によってできる。 （　　　　）

(3) 合成高分子で縮合重合によってできる。 （　　　　）

《語群》

① ポリエチレンテレフタラート　　② ポリプロピレン

③ ポリエチレン　　④ デンプン　　⑤ 木綿

▶**2** プラスチックの特徴として**適当でないもの**を次の①〜⑤から二つ選び，記号で答えよ。

① 酸や塩基などの薬品におかされにくい。

② 電気を通しやすい。

③ 分解しにくく，地球環境に大きな影響を及ぼしている。

④ 製造に要するエネルギーが少なくてすむ。

⑤ 加工しやすい。 （　　，　　）

▶**3** 次のプラスチックの原料を語群より選び，記号で答えよ。同じものを2回以上使ってもよい。

(1) フェノール樹脂 （　　　　）

(2) ポリスチレン （　　　　）

(3) 尿素樹脂 （　　　　）

(4) ポリエチレン （　　　　）

(5) ポリ塩化ビニル （　　　　）

《語群》

① 塩化ビニル　　② ホルムアルデヒド　　③ 尿素　　④ フェノール

⑤ エチレン　　⑥ スチレン　　　⑦ ブタジエン

▶**4** 下図の(ア)〜(エ)に適する言葉を語群より選び，記号で答えよ。

とり除かれた小さな分子

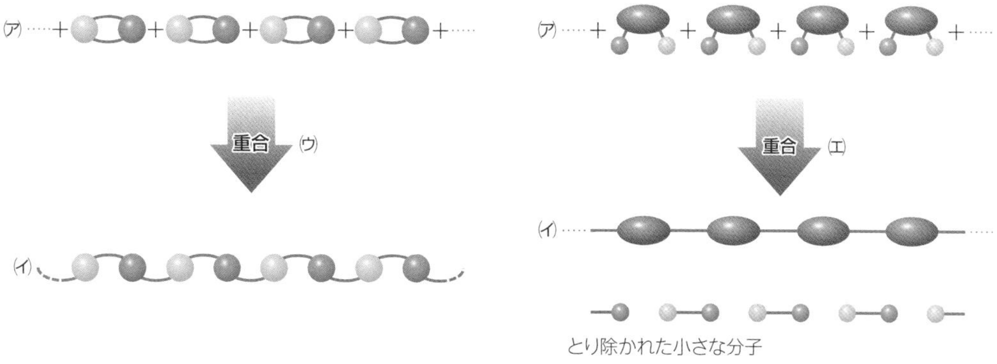

《語群》

① 付加重合　　② 縮合重合　　③ 単量体(モノマー)　　④ 重合体(ポリマー)

ア（　　　）　　イ（　　　）　　ウ（　　　）　　エ（　　　）

4 プラスチックの利用とセラミックス

1 プラスチックの分類

熱による性質での分類
- **熱可塑性樹脂**…加熱すると軟らかくなる。

付加重合	♳ ポリ塩化ビニル, ♴ ポリエチレン PVC　　　　　　　　　LDPE(HDPE) ♵ ポリプロピレン, ♶ ポリスチレン PP　　　　　　　　　PS
縮合重合	♷ ポリエチレンテレフタラート PET ♹ ナイロン OTHER

- **熱硬化性樹脂**…加熱するとかたくなる。

縮合重合 (付加重合)	♹ フェノール樹脂, ♹ メラミン樹脂 OTHER　　　　　　　　　OTHER ♹ 尿素樹脂 OTHER

2 機能性高分子

特定の機能を付与したプラスチック
(例)ハロゲンを加えた熱や摩擦, 薬品に強い高分子など

- **陽イオン交換樹脂**…H^+ と陽イオンを交換

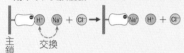

- **陰イオン交換樹脂**…OH^- イオンと陰イオンを交換

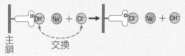

3 プラスチックのリサイクル

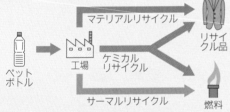

4 新素材

従来のプラスチックにない性質をもつもの
- **生分解性高分子**
微生物で分解
(例)ポリ乳酸
- **導電性プラスチック**
電気が通る
(例)ポリアセチレン
＋ヨウ素

生分解性高分子

- **高吸水性樹脂**
分子中に水を保持
(例)アクリル酸ナトリウム

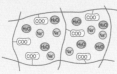

5 石器・土器

人類が用いた道具…自然の草や木→石器→土器

6 セラミックス

セラミックス	非金属の素材を焼き固めた無機材料 (例)陶磁器・セメント・ガラスなど

セラミックスのことを窯業製品ともいう。

陶磁器	粘土を練って焼き固めたもの (例)土器・陶器・磁器
セメント	石灰岩と粘土を加熱したもの+セッコウ
コンクリート	セメント＋砂・砂利＋水
ガラス	二酸化ケイ素を主成分とする固体 (例)びん・窓ガラス・光ファイバーなど

ソーダ石灰ガラスは二酸化ケイ素＋炭酸ナトリウム＋石灰石。石英ガラスは石英(二酸化ケイ素)のみ。

7 ファインセラミックス

原料	超高純度の無機化合物
製法	制御された条件で焼き固める
性質	熱や摩耗に強い
用途	日用品, 発電機のタービン, 人工骨, 人工歯

人工関節

タービンブレード

ポイントチェック

- □(1) 加熱するとやわらかくなる樹脂。
（　　　　　　　　）

- □(2) 加熱するとかたくなる樹脂。
（　　　　　　　　）

- □(3) 特定の機能を付加したプラスチック。
（　　　　　　　　）

- □(4) 陽イオンを吸着し H^+ を放出する樹脂。
（　　　　　　　　）

- □(5) 陰イオンを吸着し OH^- を放出する樹脂。
（　　　　　　　　）

- □(6) プラスチックのリサイクルの方法を三つ書け。
（　　　　）（　　　　　）（　　　　　）

- □(7) 陶磁器の例を三つあげよ。
（　　　　）（　　　　　）（　　　　　）

- □(8) セメントの原料を三つあげよ。
（　　　　）（　　　　　）（　　　　　）

- □(9) コンクリートの原料を三つあげよ。
（　　　　）（　　　　　）（　　　　　）

EXERCISE

▶**1** 次のプラスチックのうち，熱硬化性のものをすべて選び，記号で答えよ。

① ポリエチレン　② ポリプロピレン　③ ポリスチレン　④ ナイロン

⑤ フェノール樹脂　⑥ ポリエチレンテレフタラート　⑦ メラミン樹脂

⑧ 尿素樹脂　⑨ ポリ塩化ビニル　　　　　　　　　　　　　　　（　　　　　　）

▶**2** イオン交換樹脂について，次の実験結果が得られている。あとの問いに答えよ。

・イオン交換樹脂 A に塩化ナトリウム水溶液を通したら，酸性の液体が得られた。

・イオン交換樹脂 B に塩化ナトリウム水溶液を通したら，塩基性の液体が得られた。

(1) 陽イオン交換樹脂は A，B のどちらか。　　　　　　　　　　　（　　　　　　）

(2) 塩化ナトリウム水溶液をイオン交換樹脂 A，イオン交換樹脂 B の両方に通したときに得られる液体

は，酸性，塩基性，中性のいずれになるか。　　　　　　　（　　　　　　）

▶**3** 次の機能性高分子の材料を語群より選び，記号で答えよ。

(1) 熱や薬品に安定でフライパンのコーティング剤として利用されている高分子　（　　　　　　）

(2) 熱や摩擦，薬品に強い高分子　　　　　　　　　　　　　　　（　　　　　　）

(3) 食品用ラップ　　　　　　　　　　　　　　　　　　　　　　（　　　　　　）

(4) 導電性プラスチック　　　　　　　　　　　　　　　　　　　（　　　　　　）

(5) 高吸水性樹脂　　　　　　　　　　　　　　　　　　　　　　（　　　　　　）

(6) 生分解性高分子　　　　　　　　　　　　　　　　　　　　　（　　　　　　）

《語群》　① 乳酸　② ポリアセチレンとヨウ素　③ エチレンと塩素

④ 塩化ビニルと塩化ビニリデン　⑤ テトラフルオロエチレン

⑥ アクリル酸ナトリウム

▶**4** 次の説明に適した識別マークをマーク群より選び，記号で答えよ。

(1) 原料はポリ塩化ビニル，ラップやパイプなど。　　　　　　　（　　　　　　）

(2) 原料はポリプロピレン，食品容器や浴用品，家電製品など。　（　　　　　　）

(3) 原料は半透明でかための高密度なポリエチレン，ロープやバケツなど。　（　　　　　　）

(4) 原料はポリスチレン，CD ケースや食品包装材料，おもちゃなど。　（　　　　　　）

(5) 原料は低密度のポリエチレン，ポリ袋や透明フィルムなど。　（　　　　　　）

(6) 原料はポリエチレンテレフタラート，清涼飲料水やしょうゆの容器など。　（　　　　　　）

(7) 原料は上記以外のプラスチック，複合素材なども含む。　　　（　　　　　　）

《マーク群》 ① ♳ PET　② ♴ HDPE　③ ♵ PVC　④ ♶ LDPE　⑤ ♷ PP　⑥ ♸ PS　⑦ ♹ OTHER

▶**5** 次の(1)～(5)に適した言葉を語群より選び，記号で答えよ。

(1) コーヒーカップや皿などに使われる。　　　　　　　　　　　（　　　　　　）

(2) 窓や瓶などに使われ，リサイクルやリユースがよく行われる。　（　　　　　　）

(3) ビルなどの建築物になくてはならないもの。　　　　　　　　（　　　　　　）

(4) 光通信用の光ファイバーなどに用いられる。　　　　　　　　（　　　　　　）

(5) 発電機のタービンや人工骨，人工関節に用いられる。　　　　（　　　　　　）

《語群》　① 石英ガラス　② ソーダ石灰ガラス　③ ファインセラミックス

④ 陶磁器　⑤ コンクリート　⑥ 石器

節末問題

❶ 次のイオンまたは分子のうち，Ne 原子と電子の数が等しいものを四つ選び，記号で答えよ。

① F⁻ ② Cl⁻ ③ K⁺ ④ Ca²⁺ ⑤ NH₃

⑥ NH₄⁺ ⑦ H₂S ⑧ H₂O ⑨ S²⁻

（　　　，　　　，　　　，　　　）

❷ 原子のもつ陽子の数と中性子の数を合わせたものを質量数といい，¹²C のように元素記号の左上に書く。中性子の数が等しいものどうしを次から選び，記号で答えよ。

① ³⁵Cl ② ¹⁴N ③ ¹²C ④ ²H と ¹⁶O でできた水分子

⑤ ¹³C

（　　　，　　　）

❓❸ 次の実験結果より，金属 A ～ D をイオン化傾向の大きい順に並べよ。

- 金属 A が陽イオンとして溶けた水溶液に金属 B を入れると，金属 A が析出した。
- 金属 A が陽イオンとして溶けた水溶液に金属 C を入れても，変化は起こらなかった。
- 金属 B が陽イオンとして溶けた水溶液に金属 D を入れると，金属 B が析出した。

イオン化傾向（　　　＞　　　＞　　　＞　　　）

❓❹ 鉄は鉄鉱石を炭素とともに加熱することで得られるが，同様の方法ではアルミニウムを得ることはできず，アルミニウムを得るには溶融塩電解を行う必要がある。この理由をイオン化傾向という言葉を用いて説明せよ。

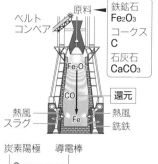

理由

❺ 鉄，銅，アルミニウムを金属の生産量の多い順に並べよ。

（　　　　　　　　　　　　　　）

アドバイス

❶⤵p.8 ❷❸
陰イオンは－の数だけ電子が多く，陽イオンは＋の数だけ電子が少ない。分子のもつ電子数は，分子を構成する原子の電子を足し合わせたもの。

❷
中性子の数
＝質量数－原子番号

❸⤵p.10 ❹
イオン化傾向の大きいものはイオンになり，イオン化傾向の小さいものは析出する。

❹⤵p.10 ❷
酸化された金属はイオンになっている。これがイオン化傾向の大きい金属であれば，もとに戻すことはむずかしい。

❺⤵p.10 ❷

❓ ❻ 塩化ナトリウム水溶液を陽イオン交換樹脂に通すと塩酸になり，陰イオン交換樹脂に通すと水酸化ナトリウム水溶液になる。

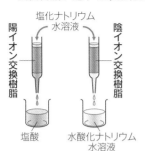

塩化ナトリウム水溶液を陽イオン交換樹脂，陰イオン交換樹脂の順に通すと，何が生じるか。

（ 　　　　　　　　　　 ）

❓ ❼ プラスチックの有効利用には，マテリアルリサイクル，ケミカルリサイクル，サーマルリサイクルの三つがある。これらについて簡単に説明し，マテリアルリサイクルについては具体例をあげよ。

マテリアルリサイクル（ 　　　　　　　　　　　　　 ）
具体例（ 　　　　　　　　　　　　　 ）
ケミカルリサイクル（ 　　　　　　　　　　　　　 ）
サーマルリサイクル（ 　　　　　　　　　　　　　 ）

❽ アクリル酸ナトリウムを重合させると，大量の水を保持することができる樹脂ができる。下図は，水を吸収する前の樹脂の構造である。この樹脂が水を吸収するとどうなるか，図にかけ。

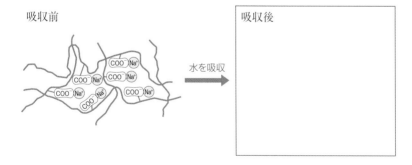

吸収前

水を吸収 →

吸収後

❾ ファインセラミックスには，通常のセラミックスにはない特徴がある。その性質に適した応用製品を①〜③から選び，記号で答えよ。

⑴ 熱に強い 　　　　　　　　　　　　　　　　　（ 　　 ）
⑵ かたくて摩耗に強い 　　　　　　　　　　　　（ 　　 ）
⑶ 生体に安全である 　　　　　　　　　　　　　（ 　　 ）

《応用製品》 　① 包丁 　② 人工股関節 　③ タービンブレード

アドバイス

❻
陽イオン交換樹脂では陽イオンが H^+ に，陰イオン交換樹脂では陰イオンが OH^- に交換される。H^+ と OH^- が反応すると H_2O になる。

❼ �> p.14 **❸**
マテリアルリサイクルは，身近なものでも行われている。

❽ �> p.14 **❹**
このような樹脂は高吸水性樹脂とよばれ，紙おむつなどで使われている。

❾ �> p.14 **❼**
タービンブレードは，ジェット機や自動車のターボ，発電機などに用いられ，高温・高圧の厳しい条件で使用される。

2章 物質の科学

1 食品と糖類

1 三大栄養素

	炭素	水素	酸素	窒素	機能調節
糖類	○	○	○	×	×
脂質	○	○	○	×	×
タンパク質	○	○	○	○	○

- 小さな分子に分解してからだに取り込まれる。
- エネルギー源として使われる。
- 体内で高分子に合成され，からだの組織をつくる。
- 体内の機能調節を行うのはタンパク質のみ。

2 五大栄養素(三大栄養素＋ビタミン，ミネラル)

ビタミン	からだのはたらきを円滑に保つ
ミネラル	体内の環境維持に役立つ

- 体内でつくることができない。
- 常に体外から摂取する必要がある。

3 糖類(炭水化物)の種類

単糖類	糖としての最小単位 グルコース，フルクトース，ガラクトース
二糖類	単糖類が二つつながったもの マルトース，スクロース，ラクトース
多糖類	多数の単糖類が重合したもの デンプン，セルロース，グリコーゲン

4 二糖類の構成

マルトース ＝ グルコース
スクロース ＝ フルクトース ＞ ＋ グルコース
ラクトース ＝ ガラクトース

5 多糖類

デンプン	アミロース	直鎖状
	アミロペクチン	枝分かれあり
グリコーゲン	枝分かれあり。動物体内に存在。	
セルロース	直鎖状，人間は消化酵素をもたない	

※セルロース以外はヨウ素デンプン反応を示す。

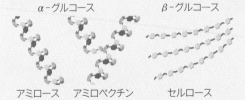

α-グルコース　　　　　β-グルコース

アミロース　アミロペクチン　　セルロース

6 食品添加物

発色剤	亜硝酸ナトリウム
酸化防止剤	ビタミンC，ビタミンE

ポイントチェック

□(1) 糖類や脂質を構成する元素を3種類答えよ。
（　　　　　　）（　　　　　　）
（　　　　　　）

□(2) タンパク質を構成する元素を4種類答えよ。
（　　　　　　）（　　　　　　）
（　　　　　　）（　　　　　　）

□(3) からだの組織をつくる栄養素を3種類答えよ。
（　　　　　　）（　　　　　　）
（　　　　　　）

□(4) 体内の機能調節をする栄養素を答えよ。
（　　　　　　）

□(5) からだのはたらきを円滑に保つ栄養素を答えよ。
（　　　　　　）

□(6) 体内の環境維持に役立つ栄養素を答えよ。
（　　　　　　）

□(7) 単糖類を3種類答えよ。
（　　　　　　）（　　　　　　）
（　　　　　　）

□(8) 二糖類を3種類答えよ。
（　　　　　　）（　　　　　　）
（　　　　　　）

□(9) グルコースのみで構成される二糖類は何か。
（　　　　　　）

□(10) グルコースとフルクトースで構成される二糖類は何か。　　　　（　　　　　　）

□(11) グルコースとガラクトースで構成される二糖類は何か。　　　　（　　　　　　）

□(12) ヨウ素デンプン反応を示す直鎖状の多糖類は何か。　　　　（　　　　　　）

□(13) ヨウ素デンプン反応を示さない直鎖状の多糖類は何か。　　　　（　　　　　　）

□(14) 動物体内に存在する枝分かれのある多糖類は何か。　　　　（　　　　　　）

□(15) β-グルコースが重合した多糖類は何か。
（　　　　　　）

□(16) α-グルコースが重合した多糖類は何か。
（　　　　　　）

EXERCISE

▶**1** 糖類，脂質，タンパク質を三大栄養素，これにビタミン，ミネラルを加えて五大栄養素という。
(1) 私たちの体内でつくり出すことができないものを答えよ。

（　　　　　　　　　　　　　　　　）

(2) 三大栄養素のうち，からだの機能を調節するはたらきのあるものを答えよ。また，この栄養素にのみ含まれる元素を元素記号で答えよ。

（　　　　　　　　　　　　）　元素記号（　　　　　）

(3) ビタミンの具体例を三つ答えよ。

（　　　　　　　　）（　　　　　　　　　）（　　　　　　　　）

▶**2** 下表は，おもな食品添加物とそのはたらきをまとめたものである。(1)〜(3)に当てはまるものをあとの①〜③から選び，記号で答えよ。

	ビタミンC	コチニール色素	亜硝酸ナトリウム
おもなはたらき	(1)	(2)	(3)

① 着色料　　② 発色剤　　③ 酸化防止剤

▶**3** 下表は，おもなビタミンとそのはたらきをまとめたものである。(1)〜(4)に当てはまるものをあとの①〜⑨から選び，記号で答えよ。二つ，あるいは三つ入る場合もある。

	ビタミンA	ビタミンB$_1$	ビタミンC	ビタミンD
おもなはたらき	(1)	(2)	(3)	(4)

① 骨や歯の成長促進　　② 発育を促進　　③ 解毒の促進　　④ 皮膚と粘膜の維持
⑤ 代謝の調節　　⑥ 視力の調節　　⑦ 皮膚の調節　　⑧ 糖類の代謝補助　　⑨ 神経系の調節

▶**4** 次のうち，ヨウ素デンプン反応を示さないものをすべて選び，記号で答えよ。
① デンプン　　② マルトース　　③ グルコース　　④ アミロース　　⑤ アミロペクチン
⑥ グリコーゲン　　⑦ セルロース

（　　　　　　　　　　　　　）

▶**5** 次のうち，人間の体内で消化されない多糖類を選び，記号で答えよ。
① デンプン　　② グリコーゲン　　③ セルロース　　　　　　　（　　　　　）

▶**6** 次の(1)〜(5)の記述のうち，デンプンに関するものにはA，セルロースに関するものにはB，どちらにもあてはまるものにはCを記せ。
(1) 分子式が$(C_6H_{10}O_5)_n$で表される天然高分子化合物である。　　　　（　　　）
(2) アミラーゼで分解し，マルトースを生じる。　　　　　　　　　　　（　　　）
(3) 植物の細胞壁の主成分である。　　　　　　　　　　　　　　　　　（　　　）
(4) 温水に溶けて，ヨウ素溶液を加えると青紫色になる。　　　　　　　（　　　）
(5) 多数のグルコース分子が重合した構造をもつ。　　　　　　　　　　（　　　）

2 油脂・アミノ酸・タンパク質

1 油脂の分類

油脂
- 脂肪(固体)……バターなど動物性のもの
- 脂肪油(液体)…菜種油など植物性のもの

脂肪油
- 乾性油……紅花油など固化しやすいもの
- 不乾性油…オリーブ油など固化しにくいもの
- 半乾性油…ごま油など中間的なもの

2 油脂の構造

- 油脂＝脂肪酸3分子＋グリセリン
- モノグリセリド＝脂肪酸1分子＋グリセリン
- 脂肪酸…カルボキシ基(−COOH)をもつ。

飽和脂肪酸	二重結合(C＝C)がない脂肪酸
不飽和脂肪酸	二重結合(C＝C)をもつ脂肪酸

3 油脂のけん化

油脂＋NaOH→脂肪酸のナトリウム塩＋グリセリン
(界面活性剤)

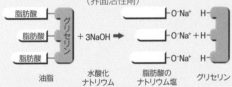

油脂　水酸化ナトリウム　脂肪酸のナトリウム塩　グリセリン

4 アミノ酸

- アミノ酸…アミノ基とカルボキシ基をもつ。
- 人体を構成するアミノ酸は20種類。
- 必須アミノ酸(体内合成不可)は食品として取る。

5 タンパク質

アミノ酸が多数結合してできている。

単純タンパク質	アミノ酸だけを含む
複合タンパク質	アミノ酸以外の物質も含む

6 タンパク質の構造

アミノ酸がペプチド結合で重合
カルボキシ基＋アミノ基
→ペプチド結合＋水

7 タンパク質の性質

複雑な構造をもち、変性(構造変化)が起きやすい。
変性の原因…加熱、酸、金属イオン、化学物質

8 タンパク質および構成元素の検出

アミノ酸	ニンヒドリン溶液を入れ加熱 → 紫色
窒素	NaOHを入れ加熱 → アンモニア発生 赤色リトマス試験紙を青変する
硫黄	NaOHを入れ加熱 → 硫化物イオン 酢酸鉛水溶液で黒色沈殿

ポイントチェック

☐(1) 常温で液体の油脂、固体の油脂の総称をそれぞれ答えよ。　　液体(　　　　)
　　　　　　　　　　　　　　　　固体(　　　　)

☐(2) 固化しやすい脂肪油、固化しにくい脂肪油をそれぞれ答えよ。
　　　　固化しやすい脂肪油(　　　　)
　　　　固化しにくい脂肪油(　　　　)

☐(3) 油脂が分解するとできる物質を答えよ。
　　　　　　　　　(　　　　)

☐(4) 二重結合をもつ脂肪酸の名称を答えよ。
　　　　　　　　　(　　　　)

☐(5) 油脂に水酸化ナトリウムを加えてできる物質は何か。(　　　　)

☐(6) アミノ酸だけを含むタンパク質の名称を答えよ。　　　　　(　　　　)

☐(7) アミノ酸以外の物質も含むタンパク質の名称を答えよ。　　　(　　　　)

☐(8) アミノ酸のもつ基の名称を二つ答えよ。
(　　　　)(　　　　)

☐(9) 人体を構成するアミノ酸の数を答えよ。
　　　　　　　　　(　　　　)

☐(10) 体内で合成できないアミノ酸の総称を答えよ。
　　　　　　　　　(　　　　)

☐(11) タンパク質を構成するアミノ酸どうしの結合を何というか。　　(　　　　)

☐(12) 加熱などでタンパク質の構造が変化する現象を何というか。　　(　　　　)

☐(13) 加熱以外に(12)の現象が起こる原因は何か。
(　　　　)

☐(14) アミノ酸を検出する試薬と検出時の色を答えよ。　　試薬(　　　　)
　　　　　　検出時の色(　　　　)

☐(15) タンパク質中の窒素を検出する方法を答えよ。
(　　　　)

☐(16) タンパク質中の硫黄を検出する方法を答えよ。
(　　　　)

E X E R C I S E

▶**1** 脂肪酸に含まれる二重結合の数による油脂の性質の違いについて，次の問いに答えよ。

(1) 二重結合を多く含む脂肪酸でできた油脂は酸化されやすいか，されにくいか。

(   )

(2) 二重結合を二つ含む脂肪酸のみでできた油脂1分子に含まれる二重結合の数は何個か。

(   )

▶**2** 油脂をけん化した物質が洗剤として使われる理由を説明せよ。

(   )

▶**3** 下記は，アミノ酸の構造である。(   )に適する基の化学式と名称を答えよ。1，3は酸性の基，2，4は塩基性の基である。

<pre>
                    R（水素やメチル基など）
                    |
     化学式（1   ）— C —（2   ）
  名称（3   ） | （4   ）
                    H
</pre>

▶**4** 次の (ア) 〜 (オ) の記述のうち，誤りを含むものを一つ選べ。

(ア) タンパク質は，成分元素として炭素，水素，酸素および窒素の4元素を必ず含んでいる。

(イ) タンパク質は，アミノ酸がペプチド結合してできた高分子化合物である。

(ウ) タンパク質は，熱や酸によって変性することがある。

(エ) タンパク質に濃い水酸化ナトリウム水溶液を加えて加熱すると，酸素が発生する。

(オ) タンパク質に水酸化ナトリウム水溶液と硫酸銅(Ⅱ)水溶液を加えると，赤紫色を呈する。 (   )

▶**5** 40個のアミノ酸がペプチド結合して，四つの分子ができたとする。このとき生じたペプチド結合の数を求めよ。

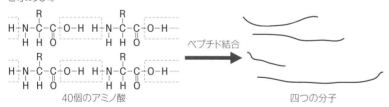

40個のアミノ酸   四つの分子

(   )

3 酵素／衣服を構成する繊維

1 酵素のはたらき

- 体内の化学反応をすみやかに穏やかに進行させる。
- 自身は反応の前後で変化しない。
- 温度などの条件によっては，はたらきを失う(失活)。

2 おもな消化酵素とそのはたらき

酵素	はたらき
アミラーゼ	デンプン→マルトース
マルターゼ	マルトース→グルコース
セルラーゼ	セルロース→セロビオース
セロビアーゼ	セロビオース→グルコース
ペプシン	タンパク質→ペプチド
ペプチダーゼ	ペプチド→アミノ酸
リパーゼ	油脂→モノグリセリド＋脂肪酸

3 発展 酵素反応と基質特異性

酵素は特定の基質としか反応しない。

酵素は最もよくはたらくpH(最適pH)と温度(最適温度)がある。

4 衣服を構成する繊維
種類による分類

天然繊維	植物繊維	木綿
		麻
	動物繊維	羊毛
		絹
	天然の動物や植物から得られる。	
化学繊維	再生繊維	レーヨン
	天然繊維を原料とし，いったん化学的な処理をして再び繊維状にする。	
	半合成繊維	アセテート
	天然繊維の一部に新しい部分をつけ加える。	
	合成繊維	ナイロン
		ポリエステル
		アクリル
		ビニロン
	石油を原料にしてつくる。	

ポイントチェック

□(1) 体内の化学反応を加速させる物質を答えよ。
（　　　　　）

□(2) 酵素が温度などの条件によって変性し，そのはたらきを失うことを何というか。
（　　　　　）

□(3) デンプンを消化する酵素を答えよ。
（　　　　　）

□(4) タンパク質をペプチドに分解する酵素は何か。
（　　　　　）

□(5) ペプチドをアミノ酸に分解する酵素は何か。
（　　　　　）

□(6) リパーゼは，脂肪を何に分解するか。
（　　　　　）＋（　　　　　）

□(7) 酵素が特定の基質としか反応しない性質を何というか。（　　　　　）

□(8) 酵素が効率よくはたらくために調整が必要な条件を二つ答えよ。（　　　）（　　　）

□(9) 天然の植物や動物から得られる繊維を何というか。（　　　　　）

□(10) 石油を原料にしてつくられる繊維を何というか。（　　　　　）

□(11) 天然繊維の一部に新しい部分をつけ加えてつくられる繊維と，その具体例を答えよ。
繊維（　　　　　）
具体例（　　　　　）

□(12) 天然繊維を原料とし，いったん化学的処理をして溶かし，再生させてできる繊維と，その具体例を答えよ。
繊維（　　　　　）
具体例（　　　　　）

EXERCISE

▶**1** 次のうち，酵素の特徴として**適当でないもの**を選び，記号で答えよ。
① 体内の化学反応を促進する触媒としてはたらく。
② 最もよく効果を発揮する温度がある。
③ 最もよく効果を発揮する pH がある。
④ おもに炭水化物でできている。
⑤ 特定の基質としか反応しない。 （　　　　　　）

▶**2** 次の酵素に適したはたらきをあとの①～⑥から選び，記号で答えよ。

酵素	アミラーゼ	マルターゼ	セルラーゼ	ペプシン	ペプチダーゼ	リパーゼ
はたらき	(1)	(2)	(3)	(4)	(5)	(6)

① 油脂をモノグリセリドと脂肪酸に分解する。
② デンプンをマルトースに分解する。
③ ペプチドをアミノ酸に分解する。
④ タンパク質をペプチドに分解する。
⑤ マルトースをグルコースに分解する。
⑥ セルロースをセロビオースに分解する。

▶**3** 次の文章を読み，下の問いに答えよ。
　食物がヒトの口内に入ると，だ液に含まれる酵素（　ア　）によりデンプンの一部が消化される。次に，胃の中の特殊な環境下でよくはたらく酵素（　イ　）によりタンパク質の分解が始まり，かゆ状になる。
(1) 文中の（　）に入る適語を答えよ。
　　　　　　　　　　ア（　　　　　　　）　イ（　　　　　　　）

(2) 消化酵素ア，イの酵素活性と pH の関係を示したグラフとして
　最も適当なものを右図の①～③からそれぞれ選べ。
　　　　　　　　　　ア（　　）　イ（　　）

▶**4** 繊維について，次の問いに答えよ。
(1) 次のうち，タンパク質が主成分である繊維を選び，記号で答えよ。
　　① レーヨン　　② 絹　　③ 麻　　④ 木綿　　　　　　　（　　　　　　）

(2) 次のうち，合成繊維ではないものを選び，記号で答えよ。
　　① アセテート　　② ナイロン　　③ ポリエステル　　④ アクリル　　⑤ ビニロン
　　　　　　　　　　　　　　　　　　　　　　　　　　　　　　　　　（　　　　　　）

(3) 次のうち，タオルや下着の材質として適当なものを選び，記号で答えよ。
　　① 木綿　　② 麻　　③ 羊毛　　④ 絹　　　　　　　　　（　　　　　　）

(4) 次のうち，漁網の材料として適当なものを選び，記号で答えよ。
　　① ナイロン　　② ポリエステル　　③ アクリル　　④ ビニロン　　　（　　　　　　）

4 いろいろな繊維

1 天然繊維

繊維	原料	性質
木綿 (もめん)	セルロース (多糖類)	吸湿性に富む 摩擦や熱に強い 酸に弱いがアルカリに強い
麻 (あさ)		
羊毛 (ようもう)	ケラチン (タンパク質)	保温性や伸縮性に優れる 摩擦や湿気に弱い 酸に強いがアルカリに弱い
絹 (きぬ)	セリシン フィブロイン (タンパク質)	しなやかで光沢がある 日光や湿気に弱い 酸に強いがアルカリに弱い

2 再生繊維

繊維の名称	セルロースを溶かす液
ビスコースレーヨン	水酸化ナトリウム水溶液 二硫化炭素
銅アンモニアレーヨン (キュプラ)	濃アンモニア水，硫酸銅(Ⅱ) 水酸化ナトリウム

どちらも希硫酸 (きりゅうさん) 中に薬液を押し出して繊維を再生する。

3 合成繊維

石油中の小さな分子を数多く重合したもの。

付加重合 (ふかじゅうごう)　　　縮合重合 (しゅくごうじゅうごう)

単量体（モノマー）

重合体（ポリマー）

4 合成繊維の特徴

長所…摩擦や引っ張りに強く，しわになりにくい。
短所…薬品や熱に弱く，吸湿性がほとんどない。

5 いろいろな合成繊維

結合と原料

繊維の名称	結合	単量体
ナイロン	縮合重合 アミド結合	ヘキサメチレンジアミン，アジピン酸
ポリエステル	縮合重合 エステル結合	テレフタル酸，エチレングリコール
アクリル繊維	付加重合	アクリロニトリル

$$-\underset{O}{\overset{}{C}}-OH \quad H-\underset{H}{\overset{}{N}}- \xrightarrow{\text{アミド結合}} -\underset{O}{\overset{}{C}}-\underset{H}{\overset{}{N}}-$$

$$-\underset{O}{\overset{}{C}}-OH \quad HO- \xrightarrow{\text{エステル結合}} -\underset{O}{\overset{}{C}}-O-$$

用途

繊維の名称	用途
ナイロン	ストッキング，雨具
ポリエステル	ペットボトル，制服
アクリル繊維	セーターなど

ポイントチェック

□(1) セルロースでできた天然繊維を二つ答えよ。
（　　　　　　）（　　　　　　）

□(2) ケラチンが原料である天然繊維を答えよ。
（　　　　　　）

□(3) 絹の原料となるタンパク質を二つ答えよ。
（　　　　　　）（　　　　　　）

□(4) 再生繊維の名称を二つ答えよ。
（　　　　　　）（　　　　　　）

□(5) 分子の間から小さな分子がとれて結合することを何というか。（　　　　　　）

□(6) 二重結合が開いて次々と結合することを何というか。（　　　　　　）

□(7) 合成繊維の長所と短所を答えよ。
長所（　　　　　　）
短所（　　　　　　）

□(8) ナイロンの単量体を二つ答えよ。
（　　　　　　）（　　　　　　）

□(9) ポリエステルの単量体を答えよ。
（　　　　　　）

□(10) アクリル繊維の単量体を答えよ。
（　　　　　　）

□(11) 羊毛のかわりに使われる合成繊維を答えよ。
（　　　　　　）

□(12) ストッキングや雨具に使われる合成繊維を答えよ。（　　　　　　）

□(13) ワイシャツなどに使われる合成繊維を答えよ。
（　　　　　　）

□(14) アミド結合を形成する基を答えよ。
（　　　　　　）と（　　　　　　）

□(15) エステル結合を形成する基を答えよ。
（　　　　　　）と（　　　　　　）

EXERCISE

❓ ▶1 木綿や麻は，吸湿性に富む性質をもっている。分子構造上の特質からこの理由を説明せよ。

( )

❓ ▶2 羊毛は，保温性や伸縮性に優れている。この理由を説明せよ。

( )

❓ ▶3 絹が日光や湿気に弱い理由を説明せよ。

( )

▶4 次の合成繊維の単量体を語群 A から，重合の種類を語群 B から選び，記号で答えよ。

(1) ナイロン　　　(2) ポリエステル　　　(3) アクリル繊維

《語群 A》

① アクリロニトリル　　② アジピン酸　　③ テレフタル酸

④ エチレングリコール　　⑤ ヘキサメチレンジアミン

《語群 B》

① 付加重合　　② 縮合重合(アミド結合)　　③ 縮合重合(エステル結合)

	語群 A	語群 B
(1)		
(2)		
(3)		

▶5 次の結合を形成する単量体の基と，結合の構造をかけ。

(1) アミド結合

単量体の基

結合の構造

(2) エステル結合

単量体の基

結合の構造

節末問題

❶ 多糖類は，単糖類が連なったものである。分解する際には，一つの結合あたり1分子の水が必要である。次の問いに答えよ。

🧠(1) 1000個のα−グルコースがつながった直線上のアミロースをすべてマルトースにするには，何個の水分子が必要か。

(　　　　　　　　)

🧠(2) 1000個のα−グルコースがつながった5か所の枝分かれがあるアミロペクチンをすべてα−グルコースにするには，何個の水分子が必要か。

(　　　　　　　　)

❷ 次の二糖類を構成する単糖類の名称を答えよ。
(1) マルトース(　　　　　　　　　　　　　　　　　　　)
(2) スクロース(　　　　　　　　　　　　　　　　　　　)
(3) ラクトース(　　　　　　　　　　　　　　　　　　　)

🧠❸ ある油脂を分解したら，グリセリンとA，B，Cの3種類の脂肪酸が得られた。脂肪酸Aには二重結合はなく，脂肪酸Bには脂肪酸Cの2倍の二重結合があった。別の実験で油脂1分子に含まれる二重結合の数は6個であることがわかっている。脂肪酸Bの1分子に含まれる二重結合の数を求めよ。

(　　　　　　　　)

🧠❹ アミノ酸には，カルボキシ基を2個もったグルタミン酸，アミノ基を2個もったリシンが存在する。グルタミン酸1分子とリシン1分子で構成されるペプチド結合をもつ分子には，何種類の構造が考えられるか。ただし，鏡像異性体は考慮しない。

(　　　　　　　　)

アドバイス

❶⊃ p.18 **3** **5**
(1) 1000を2で割れば，生じるマルトースの数が出る。問題のアミロースは，これが一直線につながっている。
(2) 枝分かれの分岐点にある単糖類は他の三つの単糖類と結合している。

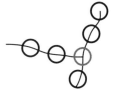

❷⊃ p.18 **4**
どの二糖類も，ある一つの単糖類を含む。

❸⊃ p.20 **2**
全体の二重結合は6個

A	B	C

BはCの2倍の二重結合というように，図解してみるとよい。

❹⊃ p.20 **4**
グルタミン酸にはカルボキシ基が2個ある。どちらのカルボキシ基がペプチド結合に使われるかで構造が変わる。リシンも同様。

発展 ❺ 下図は，酵素と基質の反応を模式的に示したものである。

酵素　　　　　　　　　　　生成物

基質

基質と結合して反応

繰り返し基質と結合　　　生成物

この図をもとに，酵素のもつ基質特異性について説明せよ。

アドバイス

❺ ⟳ p.22 **3**
酵素はタンパク質からできていて，複雑な構造をもっている。

❻ 我々が日常着用する下着は，天然繊維である綿 100 ％ のものがほとんどであるが，靴下などは綿とポリエステルの混紡が多い。しかし，ポリエステル 100 ％ の靴下は，ほとんどない。この理由を，吸湿性，摩擦，天然繊維，合成繊維の四つの言葉を使って説明せよ。

❻ ⟳ p.24 **1** **4**
靴下は，吸湿性と耐摩擦性の両方が必要とされる。

❼ 次の合成繊維について，原料と性質を下の語群から記号で選べ。

(1) ナイロン 66　　　　　　　　　原料(　　　)　性質(　　　)

(2) ポリエチレンテレフタラート　原料(　　　)　性質(　　　)

(3) アクリル繊維　　　　　　　　原料(　　　)　性質(　　　)

《原料》

① テレフタル酸

② ヘキサメチレンジアミン

③ アクリロニトリル

④ エチレングリコール

⑤ アジピン酸

《性質》

① 軽くてやわらかく羊毛のかわりにセーターなどに使用される。

② 合成樹脂としてペットボトルなどに用いられているが，リサイクルされて細く引き延ばし，繊維にして服なども作られている。

③ 吸水性にとぼしいが，丈夫で軽いので，ストッキングや雨具に用いられている。

❼ ⟳ p.24 **5**
合成繊維は，その性質にあった用途に使われる。

1 細胞のつくり

生物のからだは細胞からできている。

動物の細胞　　共通　　植物の細胞

- 核
- 細胞膜
- 液胞
- 葉緑体
- 細胞壁

- **核**………丸い形をした構造。染色液(酢酸カーミ ン液や酢酸オルセイン液)によく染まる。
- **細胞質**…核のまわりの部分。液胞・葉緑体・細 胞膜も細胞質に含まれる。
- **細胞膜**…細胞質の外側にあり, 細胞を囲む薄い膜。
- **細胞壁**…植物細胞で, 細胞膜の外側にある厚く て丈夫なしきり。
- **葉緑体**…植物細胞に見られる緑色の粒。光合成 を行う場所。
- **液胞**……細胞の活動によってつくられた物質や 水を貯蔵する場所。植物細胞に多く見 られる。

2 根・茎・葉のつくりとはたらき

①根のつくりとはたらき
- **根毛**…水や養分を効率よく吸収する細い根。
- **道管**…根から吸収した水や水に溶けた養分をか らだ全体に運ぶ通路。
- **師管**…葉でつくられた養分を全体に運ぶ通路。
- 植物のからだを支える。

②茎のつくりとはたらき
- **維管束**…道管と師管が集まった束。

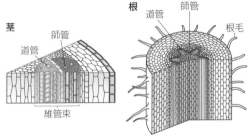

茎　道管　師管　維管束
根　道管　師管　根毛

③葉のつくりとはたらき
- **葉脈**…葉に見られるすじ。維管束が枝分かれし たもの。

- **気孔**…葉の表皮にある三日月形の細胞に囲まれ たすきま。**葉の裏側に多く**見られる。

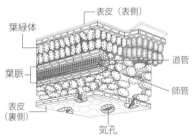

表皮（表側）
葉緑体
葉脈
表皮（裏側）
道管
師管
気孔

- **光合成**…光のエネルギーを使って, 葉の**気孔**か ら取り入れた**二酸化炭素**と, 根で吸収 した**水**を原料にして, **デンプン**(や糖) をつくるはたらき。このとき, **酸素**も できる。光合成は植物細胞の中にある **葉緑体**で行われる。
- **蒸散**……葉に運ばれた水を気孔から水蒸気とし て空気中へ放出する。根からの水分・ 養分の吸収をさかんにしたり, 植物体 内の水分量を調節したりする。

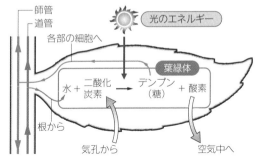

師管
道管
各部の細胞へ
光のエネルギー
葉緑体
水 + 二酸化炭素 → デンプン（糖） + 酸素
根から
気孔から
空気中へ

3 ヒトの眼のつくりとはたらき

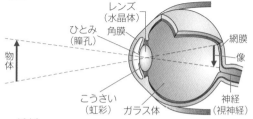

レンズ（水晶体）
ひとみ（瞳孔）
角膜
物体
こうさい（虹彩）
ガラス体
網膜
像
神経（視神経）

- **網膜**…光の刺激を受け取る細胞がある。
- **レンズ(水晶体)**…厚みを変え, ピントの合った 像を網膜上に結ぶ。
- **こうさい(虹彩)**…眼に入る光の量を調節する。

確認問題

☑ 基礎チェック

- □(1) 生物のからだは（　　　　　　）からできており，その中にはふつう1個の（　　　　　　　　　）がある。
- □(2) 維管束のうち，水や水に溶けた養分を運ぶ管が（　　　　　　　），葉でつくられた養分を運ぶ管が（　　　　　　）である。
- □(3) 植物が光を受けて行う光合成では，水と（　　　　　　　　　）からデンプンなどの養分がつくられる。この過程では，（　　　　　　　）が同時につくられる。

1 右図は，植物の細胞を模式的に示したものである。

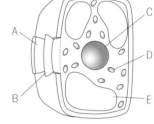

(1) 図のA～Eのうち，酢酸カーミン液や酢酸オルセイン液によく染まるのはどれか。一つ選び，記号とその名称を答えよ。

　　　記号【　　　　　】　　名称【　　　　　　　】

(2) Aは外側にある厚い壁，Bは内側にある薄い膜である。それぞれの名称を答えよ。　A【　　　　　　】　B【　　　　　　】

(3) 図のA～Eのうち，動物の細胞にも共通するものはどれか。すべて選び，記号で答えよ。　　　　　　【　　　　　　　　　】

(4) 図のA～Eのうち，光合成が行われるのはどこか。一つ選び，記号とその名称を答えよ。

　　　　　　記号【　　　　　】　　名称【　　　　　　　】

2 ふ入りの葉の一部をアルミニウムはくで覆ってから十分に光を当て，光合成させた。その葉を熱湯につけた後，熱したエタノールにひたして脱色してから試薬Xにつけたところ，デンプンができた部分だけが青紫色になった。

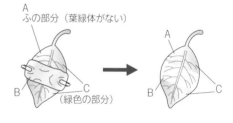

(1) デンプンがあることを確かめる試薬Xの名称を答えよ。　　　　　　　　　　　【　　　　　　　】

(2) AとCの結果をくらべると，何が光合成に必要だとわかるか。　　【　　　　　　】

(3) BとCの結果をくらべると，何が光合成に必要だとわかるか。　　【　　　　　　】

3 同じような大きさの枝A・Bを用意し，Aは葉を残したまま，Bは葉をすべて取りのぞいてからメスシリンダーに入れ，水の減少量を調べた。

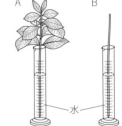

(1) 水の減少量が多いのはA・Bのどちらか。　　【　　　　　　】

(2) 植物中の水は，葉の表皮にあるすきまから水蒸気となって空気中に出ていく。この現象を何というか。また，水蒸気が出ていくすきまの名称を答えよ。　　　　　　現象【　　　　　　】　　名称【　　　　　　】

4 右図は，ヒトの右眼の断面を上から見たところを，模式的に示したものである。

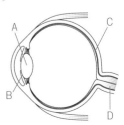

(1) 図のA～Dのうち，光の刺激を受け取る部分はどこか。一つ選び，記号とその名称を答えよ。

　　　　　記号【　　　　　】　　名称【　　　　　　　】

(2) 図のA～Dのうち，眼に入る光の量を調節する部分はどこか。一つ選び，記号とその名称を答えよ。

　　　　　記号【　　　　　】　　名称【　　　　　　　】

生物分野の入門(2)　顕微鏡の使い方／生物のつながり

1　顕微鏡の使い方

◇各部の名称とはたらき◇

【ステージ上下型の顕微鏡】

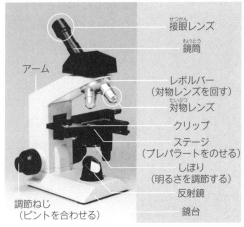

- 接眼レンズ
- 鏡筒
- アーム
- レボルバー（対物レンズを回す）
- 対物レンズ
- クリップ
- ステージ（プレパラートをのせる）
- しぼり（明るさを調節する）
- 反射鏡
- 鏡台
- 調節ねじ（ピントを合わせる）

◇プレパラートのつくり方◇

- スライドガラス
- 観察対象
- 水
- カバーガラス

スライドガラスの上に水を1～2滴落とし，その上に観察対象をのせる。

気泡が入らないようにカバーガラスをかける。はみ出した水は，ろ紙で吸いとる。

◇操作手順◇

①顕微鏡を**直射日光の当たらない，明るく水平な場所に置き，接眼レンズ，対物レンズ**の順にとりつける。（とりはずすときは逆の手順）

②**反射鏡**を調節して，視野を明るくする。

③プレパラートを**ステージ**にのせ，クリップでとめる。

④横から見ながら調節ねじを回し，対物レンズをプレパラートに近づける。

⑤接眼レンズをのぞきながら調節ねじを回し，プレパラートと対物レンズを遠ざけながらピントを合わせる。

⑥最後に，**しぼり**を回して，観察したいものが最もはっきり見えるように調節する。

明るさの調節　　対物レンズを近づける　　ピントを合わせる

◇像の移動◇

顕微鏡の像は上下左右が逆になっている。そのため，プレパラートを動かす方向と像が動く方向も逆になる。

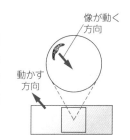

- 像が動く方向
- 動かす方向

◇顕微鏡の倍率◇

> 顕微鏡の倍率＝接眼レンズの倍率×対物レンズの倍率

倍率があがると

①視野→せまくなる。

②明るさ→暗くなる。

 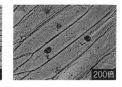

40倍　　　　　200倍

◇倍率の変更◇

①低倍率でピントを合わせ，観察対象を視野の中央へ動かす。

②調節ねじを動かさずに**レボルバー**を回して高倍率の対物レンズに換える。

2　生物界のつながり

生態系……ある地域に生息するすべての生物と，それをとりまく環境を一つのまとまりととらえたもの。

食物連鎖…生物どうしの「食べる・食べられる」の関係の直線的な結びつき。

生産者……植物のように，光合成によって無機物から有機物をつくる生物。

消費者……植物や他の動物を食べて栄養分を得る生物。

分解者……生物の死がいなどの有機物を無機物に分解する微生物（**菌類・細菌**）など。

3　自然界における炭素の循環

光合成や呼吸，食物連鎖や分解者のはたらきなどを通して，炭素は自然界を循環している。

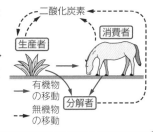

- 二酸化炭素
- 生産者
- 消費者
- 分解者
- → 有機物の移動
- --→ 無機物の移動

確認問題

✓ 基礎チェック

□(1) 植物のように，光合成によって無機物から有機物をつくる生物を（　　　　　　）者という。

□(2) 光合成ができないため，植物や他の動物を食べて栄養分を得る生物を（　　　　　　）者という。

□(3) 生物の死がいなどの有機物を無機物に分解する微生物を（　　　　　　）者という。

□(4) 自然界の生物は（　　　　　　）でつながっていて，炭素や酸素は，植物が行う（　　　　　　）や，植物や動物，菌類・細菌が行う（　　　　　　）などによって循環している。

1 顕微鏡について，次の各問いに答えよ。

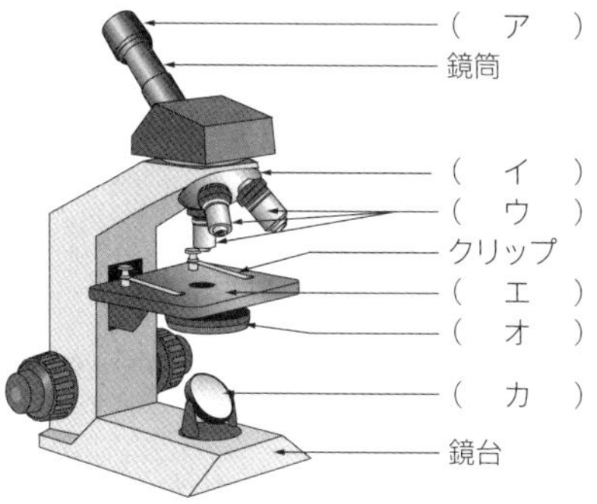

(1) 右図のア～カに入る顕微鏡の各部分の名称を答えよ。

ア【　　　　　　】　イ【　　　　　　】

ウ【　　　　　　】　エ【　　　　　　】

オ【　　　　　　】　カ【　　　　　　】

（　ア　）
鏡筒
（　イ　）
（　ウ　）
クリップ
（　エ　）
（　オ　）
（　カ　）
鏡台

(2) 次の①～④に当てはまるものを，右図のア～カから選べ。

① 顕微鏡にレンズを取りつけるとき，先につけるもの。　【　　　】

② 視野を明るくするときに操作するもの二つ。　【　　　】【　　　】

③ 接眼レンズを換えずに倍率を変更するとき，操作するもの。　【　　　】

④ 顕微鏡からレンズをはずすとき，先にはずすもの。　【　　　】

(3) 15倍の接眼レンズと40倍の対物レンズを用いて観察したとき，倍率は何倍になるか。

【　　　　　倍】

(4) 高倍率に変更して観察したとき，顕微鏡の視野（見える範囲）と明るさはどう変わるか。

視野【　　　　　】　明るさ【　　　　　】

2 右図は，陸上のある地域の生物の生態系での，数量的な関係を示したものである。次の各問いに答えよ。

(1) 図のA～Cは，肉食動物，草食動物，植物のいずれかである。それぞれに当てはまる生物を答えよ。

A【　　　　　】　B【　　　　　】　C【　　　　　】

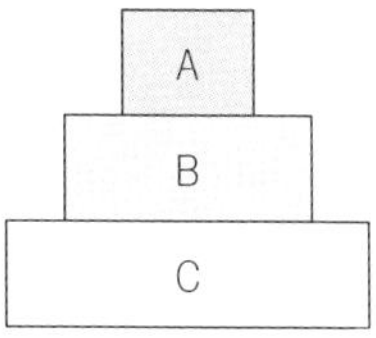

(2) Bの数量が急激に減少すると，A，Cの数量は一時的にどうなると考えられるか。　A【　　　　　】　C【　　　　　】

(3) 図のような生物どうしの「食べる・食べられる」の関係が鎖のようにつながったものを何というか。　【　　　　　】

A
B
C

3 右図は，自然界における食物連鎖と炭素の循環のようすを模式的に示したものである。次の各問いに答えよ。

(1) 無機物の状態の炭素である大気中の気体Xは何か。【　　　　　】

(2) 図のA～Cは，肉食動物，草食動物，植物のいずれかである。それぞれに当てはまる生物を答えよ。

A【　　　　　】　B【　　　　　】　C【　　　　　】

(3) Aが行う①，②のはたらきをそれぞれ答えよ。

①【　　　　　】　②【　　　　　】

(4) 図のように，生物と環境を一つのまとまりとしてとらえたものを何というか。　【　　　　　】

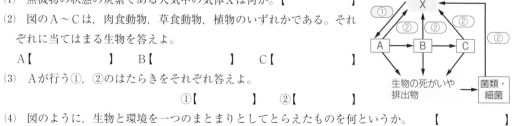

X
①
②
②
②
A → B → C
②
生物の死がいや
排出物
菌類・
細菌

生物分野の入門

1 眼の構造とはたらき

1 眼の構造 📖 p.28 ③

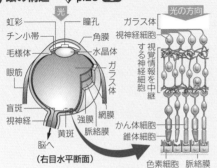

（右目水平断面）

光は透明な**角膜**を通り，**虹彩**の間にある**瞳孔**から**水晶体**（レンズ）に達する。水晶体で屈折した光は，ガラス体を通って網膜上に像をつくる。

網膜にある**視細胞**には**かん体細胞**と**錐体細胞**がある。

かん体細胞は光に対する感受性は高いが色の識別には関係しない。黄斑にはなく，黄斑近くの周辺部に多い。

錐体細胞は光に対する感受性は低いが色の識別をしている。赤，緑，青の認識に関わる３種類のものがある。

視細胞の分布（右眼）

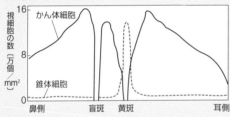

2 順応

順応は，明るさへの変化の慣れであり，**暗順応**と**明順応**がある。

3 遠近調節

①遠くを見るとき
- 毛様体筋は弛緩する
- 水晶体はたいらになる
- チン小帯は緊張する

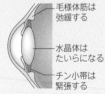

②近くを見るとき
- 毛様体筋は収縮する
- 水晶体は球状になる
- チン小帯は弛緩する

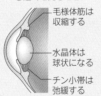

遠くの対象に焦点を合わせるときには，**毛様体中の毛様体筋**が弛緩し，水晶体を保持する**チン小帯（毛様体小帯）**が緊張するため，水晶体が薄くなる。

近くの対象に焦点を合わせるときには，毛様体筋が収縮し，チン小帯が弛緩するため，水晶体が厚くなる。

4 視覚

視覚は，左右の眼球の視細胞から視神経に伝えられた情報が，脳に伝えられ処理されたものである。

錯覚…客観的な事実に一致しない感覚が生じること。
錯視…視覚における錯覚。

ポイントチェック

☐(1) ヒトの受容器のうち，光を受容するものを何というか。　　　　　　（　　　　　　　）

☐(2) 光はまず最初に，眼球のどこを通るか。
　　　　　　　　　　　　　（　　　　　　　）

☐(3) 眼球の中で，光が屈折する部分を何というか。
　　　　　　　　　　　　　（　　　　　　　）

☐(4) 眼球の中で，光量を調節する部分を何というか。　　　　　　　　　（　　　　　　　）

☐(5) 眼球の中で，光が像を結ぶところを何というか。　　　　　　　　　（　　　　　　　）

☐(6) 網膜には，光が当たっても受容されない部分があるが，この部分を何というか。
　　　　　　　　　　　　　（　　　　　　　）

☐(7) 視細胞のうち，光に対する感受性は高いが色の識別に関わらないものを何というか。
　　　　　　　　　　　　　（　　　　　　　）

☐(8) 視細胞のうち，色の識別に関わるものは何か。
　　　　　　　　　　　　　（　　　　　　　）

☐(9) 視細胞のうち，黄斑に多く分布するのは何か。
　　　　　　　　　　　　　（　　　　　　　）

☐(10) 錐体細胞には３種類あるが，それぞれの細胞が認識する色を答えよ。
　（　　　　　）（　　　　　）（　　　　　）

☐(11) 明るいところから暗いところへ入ると，しばらくは物が見えないがやがて見えるようになる。この現象を何というか。　（　　　　　　　）

☐(12) 暗いところから明るいところへ出ると，はじめはまぶしいが，やがて慣れてくる。この現象を何というか。　　　　（　　　　　　　）

☐(13) 遠くの対象に焦点を合わせるときに弛緩するのは，毛様体筋かチン小帯か。
　　　　　　　　　　　　　（　　　　　　　）

☐(14) 光が刺激となって生じる感覚を何というか。
　　　　　　　　　　　　　（　　　　　　　）

☐(15) 客観的な事実に一致しない感覚が生じることを何というか。　　　　（　　　　　　　）

☐(16) 図形の大きさや形・色など，視覚で生じる錯覚のことを何というか。（　　　　　　　）

EXERCISE

▶**1** 右図の(ア)～(セ)に適する語を入れよ。

右図は，ヒトの眼の構造を示している。光は透明な(ク)を通り(ア)の間にある(キ)から(ケ)に達する。(ケ)で屈折した光は，(コ)を通って(サ)上に像をつくる。

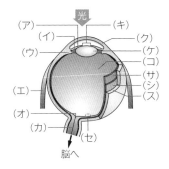

(ア)	(イ)	(ウ)
(エ)	(オ)	(カ)
(キ)	(ク)	(ケ)
(コ)	(サ)	(シ)
(ス)	(セ)	

▶**2** 右図は，網膜の断面図である。次の問いに答えよ。

(1) (ア)～(オ)に当てはまる語を答えよ。

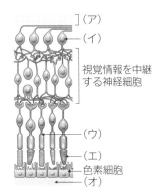

ア(　　　　　　)　　イ(　　　　　　)

ウ(　　　　　　)　　エ(　　　　　　)

オ(　　　　　　)

(2) 光が入ってくるのは右図の上からか，下からか。　　(　　　　)

(3) (ア)～(オ)のうち，明暗を識別する細胞はどれか。　(　　　　)

▶**3** 次の文章を読んで，あとの問いに答えよ。

ヒトの眼では，目の前にある対象物の各部分からの光は，角膜と(ア　　　　　)で屈折し，網膜上に対象物の(A)が反転した像をつくる。遠くの対象に焦点を合わせるときには，毛様体中の毛様体筋が(イ　　　　　)し，水晶体を保持するチン小帯(毛様体小帯)が緊張するため，水晶体が(ウ　　　　　)くなる。近くの対象に焦点を合わせるときには，毛様体筋が(エ　　　　　)し，チン小帯が(オ　　　　)するため，水晶体が(カ　　　　　)くなる。水晶体が最も薄い状態で焦点が合う距離が(キ　　　　)点，最も厚い状態で焦点が合う距離が(ク　　　　)点である。

明暗での対応では，虹彩のはたらきによって(ケ　　　　　　)の直径を変化させ，眼に入る光量を調節することで行われている。

(1) 上の文章の(ア)～(ケ)に当てはまる語を答えよ。

(2) (A)に当てはまる語を次の①～③から選べ。

① 上下　　② 左右　　③ 上下左右　　　　　　　　　　　(　　　)

▶**4** 右図は，ヒトの右眼の視細胞の密度分布を示したものである。次の問いに答えよ。

(1) 盲斑はaとbのどちらか。　　　　　　　　　(　　　)

(2) 盲斑には視細胞が存在しない。それはなぜか説明せよ。

(　　　　　　　　　　　　　　　　　　　　　　　)

(3) 盲斑では像が結べないにも関わらず，眼の前がすべて見えるのはなぜか説明せよ。

(　　　　　　　　　　　　　　　　　　　　　　　)

(4) 色の識別のはたらきがある視細胞の分布は実線と破線のどちらか。

(　　　　　)

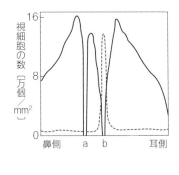

2 ヒトの生命活動と健康の維持

1 血液の組成とはたらき

血液の成分

	形状	はたらき
赤血球	円盤状	酸素の運搬
白血球	不定形，球形	免疫
血小板	不定形	血液凝固
血しょう	液体	栄養分，老廃物の運搬

血しょうには，細胞の栄養分となるグルコース(血糖)や，ホルモン，抗体などが含まれている。

2 血糖量の調節

血糖濃度(血糖値) …血液中のグルコース濃度のこと。血液 100mL 中に含まれる血糖量(mg)で表される。食事の直後は一時的に血糖濃度が高くなるが，それ以外の時の血糖濃度は 100mg/100mL にほぼ保たれている。

●血糖濃度の調節のしくみ

高血糖時(食事直後) …血液中のインスリンが増加，グルカゴンが減少

すい臓のランゲルハンス島の B 細胞からインスリンが分泌される。

→肝臓や全身の細胞で血液中の血糖が細胞内に蓄えられ，血糖濃度が下がる。

低血糖時(空腹時など)

すい臓のランゲルハンス島の A 細胞からグルカゴンが分泌される。

→肝臓や全身の細胞で蓄えている栄養分が分解されて血液中に放出され，血糖濃度が上がる。

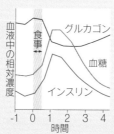

3 糖尿病

食後しばらくたっても，血糖濃度が高いままで下がってこない病気

1型：ランゲルハンス島の B 細胞が破壊され，インスリンをつくる能力が失われている。

2型：インスリン濃度が増加しても血糖をとり込む能力が失われている。

□(1) 血液の液体成分を何というか。
( )

□(2) 血液の有形成分(血球)を 3 種類答えよ。
( )
( )
( )

□(3) 赤血球のはたらきを答えよ。
( )

□(4) 白血球のはたらきを答えよ。
( )

□(5) 血しょう中に含まれている物質を 3 種類答えよ。
( )
( )
( )

□(6) 血液中のグルコース濃度のことを何というか。
( )

□(7) 高血糖時(食事直後)に分泌されるホルモンの名称を答えよ。
( )

□(8) (7)を分泌する細胞の名称を答えよ。
( )

□(9) 低血糖時(空腹時など)にすい臓から分泌され，血糖濃度を上げるはたらきのあるホルモンは何か。
( )

□(10) 食後しばらくたっても血糖濃度が高いままで下がってこない病気を何というか。
( )

□(11) ランゲルハンス島の B 細胞が破壊され，インスリンをつくる能力が失われることで起こる糖尿病は何型か。
( )

□(12) 血糖をとり込む能力が失われることで起こる糖尿病は何型か。
( )

E X E R C I S E

▶**1** 次の文章を読み，下の問いに答えよ。

　ヒトの血液は，液体成分の（　ア　）と有形成分の（　イ　）に分けられる。（　ア　）の90％は水で，<u>栄養分や老廃物などの運搬</u>にかかわる。有形成分は，（　ウ　），（　エ　），（　オ　）などの（　イ　）である。これらのうち，最も数が多い（　ウ　）は，（　カ　）という赤色の色素を含む。（　エ　）は核をもち，生体防御にかかわる。（　オ　）は血液凝固にかかわっている。

(1)　文中に（　　）に入る適語を答えよ。

（ア　　　　　　　　　），（イ　　　　　　　　　），

（ウ　　　　　　　　　），（エ　　　　　　　　　），

（オ　　　　　　　　　），（カ　　　　　　　　　），

(2)　下線部について，（ア）が運搬する物質としてあてはまらないものを，次の中から一つ選べ。

　①　グルコース　　　②　二酸化炭素　　　③　尿素　　　④　酸素

（　　　　　　　　　　　　　）

▶**2** 血糖量の調節に関して，以下の問いに答えよ。

(1)　空腹時，健康なヒトの血糖量は血液100 mL 中に約何mg 含まれるか。

（　　　　　　　　mg）

(2)　すい臓から分泌される，血糖濃度を下げるはたらきのあるホルモン（ホルモンa）と上げるはたらきのあるホルモン（ホルモンb）の名称をそれぞれ答えよ。

（ホルモン a　　　　　　　　　　　）

（ホルモン b　　　　　　　　　　　）

(3)　右の図は，食事前後のグルコースの血中濃度の変化を示している。血糖濃度の変化に応じて，ホルモンaとホルモンbの血液中の濃度はどのように変化すると考えられるか。曲線で簡単に示せ。

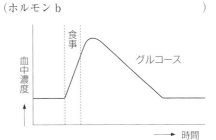

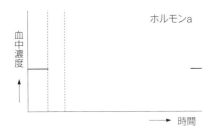

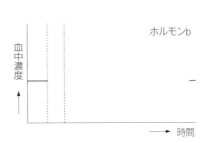

(4)　糖尿病にはいくつかの原因が考えられる。インスリンの血中濃度が正常なのに糖尿病となる場合の原因を簡単に説明せよ。

　（　　　　　　　　　　　　　　　　　　　　　　　　　　　　　　　　　　）

3 免疫

1 免疫
体内に侵入した異物などを排除するしくみを**免疫**という。免疫を担う**白血球**には、樹状細胞、マクロファージ、好中球、Ｂ細胞、Ｔ細胞などがある。

2 食作用
異物を細胞内にとり込んで分解・排除するはたらきを**食作用**という。マクロファージや好中球、樹状細胞は、食作用をもつ。

3 抗原抗体反応
免疫の対象となる異物を**抗原**という。Ｂ細胞によってつくられる、特定の抗原とだけ結合するタンパク質を**抗体**といい、抗体と抗原が結びつくことを**抗原抗体反応**という。

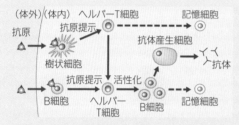

①樹状細胞は抗原をとり込み、ヘルパーＴ細胞に抗原情報を伝える。
②抗原情報を認識して活性化したヘルパーＴ細胞は、抗原を認識したＢ細胞の増殖を促進する。
③Ｂ細胞は抗体産生細胞に変化し、抗体をつくり、放出する。
④**抗原抗体反応**によって抗体と結合した抗原は、マクロファージの**食作用**などによって排除される。
⑤増殖したＢ細胞とヘルパーＴ細胞の一部は、**記憶細胞**となって体内にしばらく残る。

4 二次応答
一度排除されたものと同じ抗原が再び進入したときに、記憶細胞が強くすみやかに反応して抗原を排除する反応。

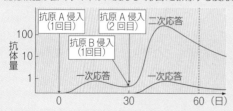

5 ワクチン
予防接種：無毒化、もしくは毒性を弱めた病原体や毒素を接種し、あらかじめ体内に記憶細胞をつくらせて病気を予防する。このとき用いられる抗原を**ワクチン**とよぶ。

6 アレルギー
病原体以外のものに含まれる物質を抗原として認識し、過敏で生体に不都合な免疫反応が起こること。アレルギーの原因となる抗原を**アレルゲン**という。たいへん激しいアレルギーの症状で、急激な血圧低下や意識低下を起こすなど、命に関わる危険な状態になることを**アナフィラキシーショック**という。

ポイントチェック

□(1) 体内に侵入した異物などを排除するしくみを何というか。
（　　　　　　　　　）

□(2) 免疫を担う白血球にはどのような細胞があるか。3種類答えよ。
（　　　　　　　　　）
（　　　　　　　　　）
（　　　　　　　　　）

□(3) 体内に侵入した異物などを細胞内にとり込み、分解・排除するはたらきを何というか。
（　　　　　　　　　）

□(4) (3)を行う白血球を二つ答えよ。
（　　　　，　　　　）

□(5) 抗原と特異的に結合するタンパク質を何というか。（　　　　　　　　　）

□(6) 抗体が抗原に特異的に結合する反応を何というか。（　　　　　　　　　）

□(7) 一度侵入した抗原が再侵入した場合に、強くすみやかに反応して抗原を排除するような反応を何というか。（　　　　　　　　　）

□(8) 予防接種の際に接種する弱毒化した毒素や病原体は何とよばれるか。（　　　　　　　）

□(9) 免疫が過敏に反応し、体に不都合にはたらくことを何というか。（　　　　　　　）

□(10) たいへん激しいアレルギーの症状で、急激な血圧低下や意識低下を起こすなど、命に関わる危険な状態になることを何というか。
（　　　　　　　　　）

解答編　もくじ

1章　科学と技術の発展

1 　科学と技術の発展 〈p.2〉

ポイントチェック

(1) プランクトン，海藻　　(2) バクテリア　　(3) プレート

(4) メタンハイドレート　　(5) レアアース泥　　(6) マンガン団塊

(7) 液相　　(8) 根粒菌　　(9) 害虫　　(10) F・ハーバー

(11) バイオマス

E X E R C I S E

1. (1) ② 　　(2) ④ 　　(3) ③ 　　(4) ①

▶解説◀　地動説はコペルニクスが提唱し，ガリレオ・ガリレイが確立している。デカルトが「自然は機械として理解することができる」と提唱したおかげで，自然界の基本法則を探る動きが起こり，その延長線上にニュートンがいる。発見は，単独で行われるのではなくそれまでの積み重ねの上に立ってなされる。

かつては天動説が主流であり，地動説を唱えることにより宗教的紛争に巻き込まれることもあった。

2. (1) ④ 　　(2) 台風　　(3) メタンハイドレート

▶解説◀　海底の $300°$ を超える熱水が噴出する場所には生物が棲息している。そのような場所には光合成とは異なる方法でエネルギーをとり出すバクテリアが存在している。このバクテリアが生産者となり，ほかの生物の存在を可能にしている。

メタンは通常では都市ガスの主成分である。日本列島周辺の深海底に現在の日本の天然ガス使用量の数十年分が埋蔵されているとされる。

3. (1) テントウムシ　　(2) 根粒菌　　(3) 菌根菌

(4) タバコモザイクウイルス

▶解説◀　害虫を食べる肉食性の虫は益虫とよばれる。益虫にはハチ，カマキリ，テントウムシ，クモ，ダニなどがいる。根粒菌はマメ科植物の根と共生する細菌である。

4. (ア) 腐植　　(イ) 窒素　　(ウ) アンモニア

▶解説◀　合成されたアンモニアは、窒素肥料として使われる。アンモニアの合成に成功したのは，ドイツの物理科学者フリッツ・ハーバーである。

化学分野の入門

物質の成り立ち 〈p.4〉

確認問題

基礎チェック

(1) 陽子，中性子，原子核，電子　(2) 電子，＋，陽，－，陰

(3) 単体，化合物

1. (1) (ア) H₂O　(イ) NH₃

(ウ) CO₂

(2) 単　体：塩素，銅，酸素

化合物：二酸化炭素，塩化ナトリウム，アンモニア

(3) (ア) $2Cu + O_2 \rightarrow 2CuO$

(イ) $2H_2O \rightarrow 2H_2 + O_2$

▶解説◀ (1) 原子と原子の間をあけずにかくこと。

(2) 1種類の原子だけでできている物質を単体といい，もうそれ以上，他の物質に分解できない。一方で，化合物は2種類以上の原子でできている物質。

(3) 矢印の左右で，原子の種類と数が等しくなるようにすること。

2. (1) 電離　(2) 電解質　(3) 非電解質

▶解説◀ (1) 物質が水に溶けて，陽イオンと陰イオンに分かれること。

(2) 水に溶かしたときに電離して，電流が流れる物質。

(3) 水に溶かしたときに電離せず，電流が流れない物質。

化学式は原子の記号を使って物質を表した式。その物質をつくる原子の種類と数の割合を表す。

化学反応式は化学変化を化学式で表したもの。

電解質…塩化ナトリウム，塩化銅，塩化水素，水酸化ナトリウムなど

非電解質…エタノール，砂糖など

電気分解と電池／実験器具の使い方 〈p.6〉

確認問題

基礎チェック

(1) 塩素，水素　(2) 化学，電気

1. ②

▶解説◀ 液は，ガラス棒を伝わらせて注ぐ。ろうとの先の長い方をビーカーの壁につける。

2. (1) 13.5 cm³ (13.4 cm³，13.6 cm³ も可)

(2) 8.8 cm³ ((1)が 13.4 cm³ なら 8.9 cm³，(1)が 13.6 cm³ なら 8.7 cm³ も可)

▶解説◀ (1) 最小目盛の $\frac{1}{10}$ まで目分量で読み取る。したがって，1目盛が 1 cm³ なので，小数第1位まで読み取ればよい。

(2) 水面の上昇分である $(22.3 - 13.5)$ cm³ が沈めた小球の体積になる。

3. ④

▶解説◀ 点火するときは，まず二つの調節ねじが閉まっていることを確かめてから，元栓を開く。マッチに火をつけ，ガス調節ねじを開き点火し，

ろ過…ろ紙を使って，液体と固体を分ける方法。

目盛を読み取るときは，目の位置を液面と同じ高さにし，液面のへこんだところを読み取る。

ねじは反時計まわりが開く向きで時計まわりが閉まる向きである。

炎の大きさを調節してから空気調節ねじを開いて青い炎にする。

4. (1) $CuCl_2 \rightarrow Cu^{2+} + 2Cl^-$　　(2) 銅

　　(3) 塩素　　(4) （電極）A

▶**解説**◀　(1) 銅原子は電子を 2 個失って銅イオンになる。

(2)(3) 塩化銅 → 銅 + 塩素

(4) 陽イオンである銅イオンが引き寄せられた電極 A が陰極である。

5. (1) 亜鉛板　　(2) ア：水素イオン　　イ：電子　　ウ：水素

▶**解説**◀

(1) 電子を放出する亜鉛板が－極，電子が向かう銅板が＋極になる。

(2) 亜鉛が放出した電子は，銅板の方へ移動する。塩酸中には塩化水素が電離してできた水素イオン(H^+)があり，銅板から電子を受け取って，水素となって発生する。実際にモーターを回すときには，発生した水素を酸化して水にするために，過酸化水素などの酸化剤を入れておく。

塩化銅の電気分解
　　$CuCl_2 \rightarrow Cu + Cl_2$
陽極…塩素が発生
陰極…銅が付着

塩酸の電気分解
　　$2HCl \rightarrow H_2 + Cl_2$
陽極…塩素が発生
陰極…水素が発生

－極…金属板が溶けて陽
　　イオンになり，電子を
　　放出する。
＋極…－極から移動して
　　きた電子を溶液中の陽
　　イオンが受け取り，気
　　体が発生する。

2章　物質の科学
1節　材料とその再利用

1 物質のなりたち〈p.8〉

ポイントチェック

(1) 鉄，酸素　(2) 二酸化炭素，水　(3) 陽子，中性子　(4) 電子

(5) 中性子　(6) 陽子　(7) 周期律　(8) 原子番号(陽子数)

(9) メンデレーエフ　(10) 行：周期　列：族　(11) 金属元素

(12) 非金属元素　(13) 金属結合　(14) イオン結合　(15) 共有結合

(16) H：1価，Cl：1価，O：2価，N：3価，C：4価

E X E R C I S E

1. (1) 鉄や酸素のように1種類の原子からできている物質

(2) 水や二酸化炭素のように2種類以上の原子からできている物質

2. (1) 原子核　(2) 電子　(3) 陽子

▶解説◀　原子は中心に原子核があり，これは正の電荷をもつ陽子と，電荷をもたない中性子でできている。電子は原子核のまわりを回っている。

3. (1) ア，イ，ウ，エ　(2) オ，カ，キ

(3) ア，イ，エ，オ，カ，キ　(4) ウ

▶解説◀　周期表の左下は金属元素，右上は非金属元素。両端は典型元素で真ん中は遷移元素。金属元素と非金属元素の境目は階段状になっている。

4. (1) ⑤　(2) ②　(3) ①　(4) ④　(5) ③

▶解説◀　金属元素は陽イオンに，非金属元素は陰イオンになりやすい。

5. (1) イオン結合

(2) 共有結合

(3) 金属結合

6. C → N → O → H

□金属　■非金属

典型　　遷移　　　典型

金属元素と非金属元素の結合はイオン結合である。

2 金属の用途と特性〈p.10〉

ポイントチェック

(1) 還元，電気分解　(2) 赤鉄鉱，磁鉄鉱　(3) ボーキサイト

(4) 溶融塩電解(融解塩電解)　(5) 黄銅鉱

(6) 化学処理のあと，電気分解　(7) 金や銀など　(8) 自由電子

(9) 展性・延性，金属光沢，電気伝導性がよい，熱伝導性がよい，さび・腐食。

(10) リチウム Li，カリウム K，カルシウム Ca，ナトリウム Na，マグネシウム Mg，アルミニウム Al，亜鉛 Zn，鉄 Fe，ニッケル Ni，スズ Sn，鉛 Pb，(水素 H_2)，銅 Cu，水銀 Hg，銀 Ag，白金 Pt，金 Au

(11) インジウム，パラジウム，タンタルなど

E X E R C I S E

1. (1) $Fe_2O_3 + 3CO \rightarrow 2Fe + 3CO_2$ (2) ④, ⑤

▶解説◀ 金属の単体は，金属酸化物を還元性のある物質と共に高温で熱することにより得られる。

2. (1) 炭素陰極で電子を受け取って，単体のアルミニウムになる。

(2) 氷晶石

▶解説◀ アルミナ(酸化アルミニウム)の融点は2000℃を超え，氷晶石を加えて融点を下げなければ，熱して液体にすることはむずかしい。この方法は，100年以上前にホール氏とエルー氏がほぼ同時に発見したのでホール・エルー法とよばれている。

3. (1) 銅は電子を失って銅イオンになる。

(2) 銅イオンは電子を得て単体の銅になる。

▶解説◀ 陽極で銅イオンになり，陰極で銅に戻る。一見するとむだに見えるかもしれないが，陰極では銅イオンよりイオン化傾向の大きい金属は析出せず，陽極では銅よりイオン化傾向の小さい金属はイオンにならない。このようにして，陰極では純度の高い銅を析出させることができる。

4. (1) 金属の結晶には自由電子があり，電圧をかけると移動する。

(2) 金属の結晶は，自由電子と金属陽イオンからできているため，変形しても結合力は変わらない。

▶解説◀ 金属の性質の多くは，自由電子による。イオン結合や共有結合では，自由電子が存在しないため，金属のような性質をもたない。

5. 銅：② 鉄：③ アルミニウム：①

▶解説◀ 学校などは鉄筋コンクリートでできている場合が多い。橋や堤防，ダムなども同様である。50円や100円硬貨は白銅(銅とニッケル)，5円硬貨，楽器などは黄銅(銅と亜鉛)でできている。

3 プラスチックの基礎 〈p.12〉

ポイントチェック

(1) デンプン，セルロース，タンパク質

(2) ポリスチレン，ポリエチレン，フェノール樹脂 など

(3) 単量体(モノマー) (4) 重合体(ポリマー) (5) 付加重合

(6) 縮合重合 (7) 共重合

(8) 軽い，電気を通しにくい，酸や塩基などの薬品におかされにくい など

(9) フェノール，ホルムアルデヒド

(10) 原料：スチレン 重合法：付加重合 (11) 尿素，ホルムアルデヒド

(12) 熱分解 (13) 塩素

E X E R C I S E

1. (1) ④, ⑤ (2) ②, ③ (3) ①

▶解説◀ モノマーが何種類でも付加反応による重合は付加重合という。そのうち，モノマーが2種類以上であれば共重合という。

ホール・エルー法はアルミニウムの工業的製法として現在も使われている。

電線などの材質として純度の高い銅が必要である。そのためにこのような方法で銅の純度を上げる。

一部の共有結合の結晶で，電気を通すものがある。条件によって電気を通したり，通さなかったりするものは半導体として電子回路などに用いられる。

共重合では，重合するモノマーの割合を変えることができ，用途に応じた特性を与えることができる。

2. ②, ④

▶解説◀　ほとんどのプラスチックは電気を通さない。これはプラスチックが非金属どうしの共有結合でできているからである。プラスチックの製造には大きなエネルギーが必要であるが，回収して溶かして別の用途に使うなど，リサイクルに伴うエネルギー消費は少ない。

3. (1) ②, ④　(2) ⑥　(3) ②, ③　(4) ⑤　(5) ①

▶解説◀　共重合でない付加重合の原料は1種類である。縮合重合の原料は2種類であることが多い。

4. (ア) ③　(イ) ④　(ウ) ①　(エ) ②

▶解説◀　取り除かれた小さな分子ができるのは縮合重合である。

４ プラスチックの利用とセラミックス〈p.14〉

ポイントチェック

(1) 熱可塑性樹脂　(2) 熱硬化性樹脂　(3) 機能性高分子

(4) 陽イオン交換樹脂　(5) 陰イオン交換樹脂

(6) マテリアルリサイクル，ケミカルリサイクル，サーマルリサイクル

(7) 土器，陶器，磁器　(8) 石灰岩，粘土，セッコウ

(9) セメント，砂・砂利，水

EXERCISE

1. ⑤, ⑦, ⑧

▶解説◀　プラスチックには熱可塑性のものと熱硬化性のものがある。熱可塑性の樹脂は，付加重合と縮合重合の二つがある。熱硬化性の樹脂は縮合重合のみである。

Keypoint
「ポリ」で始まれば熱可塑性。樹脂は熱硬化性のものが多い。

2. (1) A　(2) 中性

▶解説◀　陽イオン交換樹脂は，溶液中の陽イオンと水素イオンを交換するので，陽イオン交換樹脂を通った溶液は酸性になる。陰イオン交換樹脂は溶液中の陰イオンと水酸化物イオンを交換するので，陰イオン交換樹脂を通った溶液は塩基性になる。両方を通ると，同量の水素イオンと水酸化物イオンが溶液中に生じるので，溶液は中性になる。

3. (1) ⑤　(2) ③　(3) ④　(4) ②　(5) ⑥　(6) ①

▶解説◀　(1) テトラフルオロエチレンはエチレンの水素をすべてフッ素に置き換えてから付加重合させたものであり，熱や薬品にきわめて強い。

4. (1) ③　(2) ⑤　(3) ②　(4) ⑥
　　(5) ④　(6) ①　(7) ⑦

▶解説◀　プラスチックはリサイクルしやすいように素材ごとにマークを定めて製品につけるようにしている。とくに自動車のダッシュボードや，家具などは大量のプラスチックを使用しているのでリサイクルの効果が大きい。

5. (1) ④　(2) ②　(3) ⑤　(4) ①　(5) ③

電気を通すプラスチックは日本の白川博士によって開発され，パッケージや衣服などに使われている。

ポリスチレンを発泡剤で膨張させ，金型に入れて融着させたものが発泡スチロールであり，梱包材や断熱材などに用いる。

熱硬化性のプラスチックは，コタツやコンセントなどに使われている。

イオン交換樹脂は食塩の製造や，海水を淡水化するためにも使われている。

機能性高分子は，素材や結合を変えることによってさまざまな機能をはたすようにつくられる。

大きなプラスチック部品では，識別マークが製品をつくる際の型に刻まれている場合が多い。

▶解説◀　ソーダ石灰ガラスは安価であり，家庭用の食器や窓ガラスなどに用いられることが多い。熱に対する変形の度合いが大きく，冷たいコップに熱湯を入れた場合などは，割れる場合もある。一方，石英ガラスは，二酸化ケイ素の純度が高いため，光を透過しやすく，光学機器や光ファイバーなどに用いられている。

節末問題 〈p.16〉

1. ①，⑤，⑥，⑧

▶解説◀　アドバイスに記述されているようにして得られた電子数が Ne 原子に等しいものを選ぶ。周期表を書いて考えるとよい。

Keypoint
H ～ Ca までの周期表を書いて考える。

単原子イオンの場合，陰イオンの電子数は，入ってきた電子の数だけ右へ，陽イオンの電子数は，出ていった電子の数だけ左へずらした原子と同じ。

2. ②，⑤

Keypoint
原子番号は H ～ Ca までの周期表を書いてから数える。

3. イオン化傾向：D＞B＞A＞C

▶解説◀　イオン化傾向は，最初の条件よりB＞A，次の条件よりA＞C，最後の条件よりD＞B。このように条件をイオン化傾向の大小関係で表す。

4. イオン化傾向は鉄よりアルミニウムの方が大きい。鉄イオンを単体にするよりアルミニウムイオンを単体にする方が，より大きなエネルギーを必要とする。炭素の還元力だけでは，アルミニウムの単体を得ることができないため，溶融塩電解を行う。

▶解説◀　アルミニウムよりイオン化傾向の大きい金属は，すべて溶融塩電解を用いて得られる。

アルミニウムイオンを含む水溶液を電気分解すると，アルミニウムよりイオン化傾向の小さい水素が発生するので，水溶液からの電気分解はできない。

5. 鉄 → アルミニウム → 銅

6. 純水が得られる。

▶解説◀　陽イオン交換樹脂でナトリウムイオンが，陰イオン交換樹脂で塩化物イオンが取り除かれる。

7. マテリアルリサイクル：素材をそのまま成形するなどして利用する。
　　具体例　　　　　　：ペットボトルから衣料をつくるなど。
　　ケミカルリサイクル　：化学反応を利用して別の物質として利用する。
　　サーマルリサイクル　：燃料として利用する。

8.

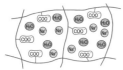

繊維の隙間に多数の水分子を取り込んで，図のようにゲル状になる。

9. (1) ③　　(2) ①　　(3) ②

▶解説◀　ファインセラミックスは，素材や焼成条件を厳密に管理して作成する。金属単体を含まないので生体ともなじみがよい。

2節 食品と衣料

1 食品と糖類 〈p.18〉

ポイントチェック

(1) 炭素, 水素, 酸素　(2) 炭素, 水素, 酸素, 窒素

(3) 糖類, 脂質, タンパク質　(4) タンパク質　(5) ビタミン

(6) ミネラル　(7) グルコース, フルクトース, ガラクトース

(8) マルトース, スクロース, ラクトース

(9) マルトース　(10) スクロース　(11) ラクトース

(12) デンプン(アミロース)

(13) セルロース　(14) グリコーゲン　(15) セルロース

(16) アミロース, アミロペクチン, グリコーゲンから一つ

EXERCISE

1. (1) ビタミン, ミネラル　(2) タンパク質, 元素記号は N

(3) ビタミン A, B_1, C, D などから三つ

▶解説◀　ビタミンは体内で合成することができないので, これが含まれる食物をとらなければならない。ビタミン A が欠乏すると夜盲症, ビタミン B_1 が欠乏すると脚気などの病気になる。ミネラルはナトリウムやカリウムなどの無機塩類である。これも体外から摂取する必要がある。

2. (1) ③　(2) ①　(3) ②

▶解説◀　ビタミン C はきわめて酸化されやすいので, 食品添加物として加えておくと, 食品が酸化されない。お茶などの風味が変わると商品価値が失われるものに多く使われる。コチニールは紫色の色素で, カイガラムシからつくられる。肉に亜硝酸ナトリウムを加えると色が鮮やかになるため, ハムやソーセージなどの加工食品によく使われる。

3. ビタミン A：②, ④, ⑥　ビタミン B_1：⑧, ⑨

ビタミン C：③, ⑤, ⑦　ビタミン D：①

4. ②, ③, ⑦

▶解説◀　ヨウ素デンプン反応はらせん状の構造をもった多糖で起こる。したがって単糖類や二糖類, セルロース(直鎖状の多糖類)では起こらない。

5. ③

▶解説◀　セルロースを分解するためにはセルラーゼという酵素が必要である。人間はこの酵素をもたない。草食動物の多くは盲腸に微生物を共生させ, その微生物が出すセルラーゼを利用してセルロースを分解する。人間の盲腸は, このはたらきを失っており, 痕跡器官とよばれる。

6. (1) C　(2) A　(3) B　(4) A　(5) C

▶解説◀　(1)デンプンもセルロースもどちらも多糖であり, その分子式は $(C_6H_{10}O_5)_n$ で表される。

(4)デンプンは冷水には溶けないが, 温水に溶けて, ヨウ素デンプン反応を示す。セルロースは温水にも溶けず, ヨウ素デンプン反応を示さない。

(5)デンプンは a-グルコース分子の間で, セルロースは β-グルコース分子の間で水がとれて結合した構造をもつ多糖類である。

栄養素の多くは C, H, O の三つの元素でできている。タンパク質のみが N をもつ。

食品には多くの食品添加物が使われている。

ビタミンはからだの中でさまざまなはたらきをする。これが欠乏すると特有の欠乏症を発症する。

2 油脂・アミノ酸・タンパク質 〈p.20〉

ポイントチェック

(1) 液体：脂肪油　　固体：脂肪

(2) 固化しやすい脂肪油：乾性油　　固化しにくい脂肪油：不乾性油

(3) 脂肪酸，グリセリン　(4) 不飽和脂肪酸

(5) セッケン(脂肪酸のナトリウム塩＋グリセリン)

(6) 単純タンパク質　(7) 複合タンパク質

(8) アミノ基，カルボキシ基　(9) 約20種類　(10) 必須アミノ酸

(11) ペプチド結合　(12) 変性　(13) 酸，金属イオン，化学物質

(14) 試薬：ニンヒドリン溶液　　検出時の色：紫色

(15) NaOHを入れて加熱するとアンモニアが発生する。水に濡れた赤色リトマス紙を近づけると青く変色する。

(16) NaOHを入れて加熱すると硫化物イオンができる。これに酢酸鉛を加えて黒色の沈殿(硫化鉛)が発生することで検出する。

E X E R C I S E

1. (1) 酸化されやすい。　(2) 2×3＝6〔個〕

▶解説◀　油脂1分子には脂肪酸が3分子含まれる。一つの脂肪酸に2個の二重結合があれば，油脂全体では，その3倍の数の二重結合が存在する。

Keypoint

二重結合があれば，酸化されやすい。
油脂に含まれる脂肪酸の数は3個。

2. 油脂をけん化すると脂肪酸のナトリウム塩とグリセリンが発生する。脂肪酸のナトリウム塩は水中で電離し，カルボキシ基側は親水基，炭化水素基側は疎水基となる。汚れの多くは水に溶けにくいが，右図のように結合することで，水中にコロイド粒子をつくって溶けるようになる。

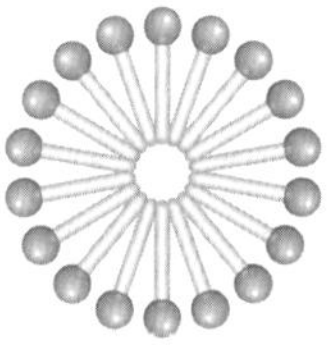

3. (1) $-COOH$　(2) $-NH_2$　(3) カルボキシ基

　　(4) アミノ基

4. (エ)

▶解説◀　(ア)タンパク質は，多数のα-アミノ酸からなり，α-アミノ酸にはカルボキシ基$-COOH$とアミノ基$-NH_2$が必ず含まれている。したがって，タンパク質は成分元素として炭素，水素，酸素および窒素を必ず含んでいる。

(ウ)タンパク質に熱，酸や塩基，アルコール，重金属イオンなどを作用させると，タンパク質の立体構造が変化して凝固する。この現象をタンパク質の変性という。

(エ)タンパク質に水酸化ナトリウム水溶液を加えて加熱すると，分解してアンモニアが発生する。これはタンパク質中の窒素によるものである。

(オ)この反応をビウレット反応という。

油脂1分子に含まれる脂肪酸の数は覚えておこう。

油脂をけん化して得られる物質は界面活性剤といわれ，さまざまな用途に使われる。

5. 36 個

▶解説◀　10 個のアミノ酸が結合した分子が四つできたとする。それぞれの分子に存在するペプチド結合の数は 9 個。全体では 9 × 4 = 36〔個〕のペプチド結合がある。結合の数は，全体の分子数が変わらなければ同じ。

○─○─○─○─○─○のような結合を考える。分子数－1 が結合の数。

3　酵素／衣服を構成する繊維　〈p.22〉

ポイントチェック

(1)　酵素　　(2)　失活　　(3)　アミラーゼ

(4)　ペプシン　　(5)　ペプチダーゼ　　(6)　モノグリセリド＋脂肪酸

(7)　基質特異性　　(8)　pH，温度　　(9)　天然繊維　　(10)　合成繊維

(11)　繊維：半合成繊維　具体例：アセテート

(12)　繊維：再生繊維　具体例：レーヨン

E X E R C I S E

1.　④

▶解説◀　酵素はタンパク質でできている。

2.　(1)　②　　(2)　⑤　　(3)　⑥　　(4)　④　　(5)　③　　(6)　①

▶解説◀　酵素は特定の基質と結びつき，特定の反応を加速する。デンプンをマルトースに分解するのはアミラーゼ，マルトースをグルコースに分解するのはマルターゼというように分解の過程が異なれば，作用する酵素も異なる。

3.　(1)　ア　アミラーゼ　　イ　ペプシン　　(2)　ア　②　　イ　①

▶解説◀　だ液中に分泌されるアミラーゼは，デンプン（アミロース）を基質とし，pH7 付近（だ液の pH）で最もよく作用する。胃液中に分泌されるペプシンは，タンパク質を基質とし，pH2（胃液の pH）で最もよく作用する。

4.　(1)　②　　(2)　①　　(3)　①　　(4)　④

▶解説◀　動物繊維の主成分はタンパク質，植物繊維の主成分はセルロースである。アセテートは植物から得られるセルロースを化学的に処理して得られる。

タオルや下着の材料としては，吸湿性があること，肌触りがよいことが求められる。絹や羊毛は吸湿性に劣り，麻は肌触りが悪いので木綿が適当。合成繊維の中でビニロンは構造中に－OH を多数もつので，水となじみがよい。

1 種類の繊維で必要な特性が得られない場合，混紡や交織などが行われることがある。

4　いろいろな繊維　〈p.24〉

ポイントチェック

(1)　木綿，麻　　(2)　羊毛　　(3)　セリシン，フィブロイン

(4)　ビスコースレーヨン，銅アンモニアレーヨン　　(5)　縮合重合

(6)　付加重合　　(7)　長所：摩擦や引っ張りに強く，しわになりにくい。

短所：薬品や熱に弱く，吸湿性がほとんどない。

(8) ヘキサメチレンジアミン，アジピン酸

(9) テレフタル酸，エチレングリコール　(10) アクリロニトリル

(11) アクリル繊維　(12) ナイロン　(13) ポリエステル

(14) アミノ基，カルボキシ基　(15) カルボキシ基，ヒドロキシ基

E X E R C I S E

1. 木綿や麻は，単糖類であるグルコースが脱水縮合したセルロースでできており，分子内に多数の-OH(ヒドロキシ基)をもつ。水分子は，これと水素結合をつくるため，吸湿性が高い。

▶**解説**◀　-OH を含む繊維は吸湿性が高い。合成繊維でもビニロンは多数の-OH をもつため，吸湿性が高い。一方，ナイロンやポリエステルなどは，-OH をほとんどもたないため，吸湿性に乏しい。

Keypoint

　-OH を多数もつ繊維は吸湿性が高い。

2. 羊毛はケラチンでできており，繊維中に空気をたくさん含む。このため保温性に優れている。また，繊維に細かなよれや縮みが多数ある。これにより，伸縮性に優れている。

▶**解説**◀　このような形状による特質は，合成繊維をつくる際にも取り入れられている。

3. 絹はアミノ酸どうしがペプチド結合で結合してできたものである。湿気があると，この結合が分解して強度が落ちる。この結合は日光によっても分解される。

▶**解説**◀　絹などの天然繊維は，湿気や日光を避けて保存しなければならない。洗濯はドライクリーニングなどを用いる。

4. (1) A：②, ⑤　B：②　(2) A：③, ④　B：③

　　(3) A：①　B：①

▶**解説**◀　アミド結合やエステル結合は，2種類の分子から水が取れて結合する。二重結合をもつ単量体は，付加重合により結合する。

5. (1) カルボキシ基，アミノ基　結合の構造

-C-OH ， -N-H ， -C-N-
 ‖　　　　 |　　　 ‖ |
 O　　　　 H　　　 O H

(2) カルボキシ基，ヒドロキシ基　結合の構造

-C-OH ， -OH ， -C-O-
 ‖　　　　　　　 ‖
 O　　　　　　　 O

▶**解説**◀　結合は基と基の反応によって起こる。

節 末 問 題　〈p.26〉

1. (1) 499個　(2) 999個

▶**解説**◀　○をグルコースとすれば，○─○─○─○─○─○から○─○，○─○，○─○ができるためには2個の水分子が必要。500個のマルトースができるには499個の水分子がいる。枝分かれができた分，端もできるので必要な水分子の数は枝分かれのない場合と同じ。1000個のグルコー

植物繊維は，元々は植物の葉や茎などであり，水となじみが深い。

羊などは恒温動物であり，体温を保つ必要がある。また，伸縮性が高いことで体表を保護する作用もある。

絹でできた着物を保管するためには特別な配慮が必要である。特別な加工を施すと一般家庭でも洗濯可能になる。

脱水縮合でできる合成繊維の単量体は特定の基をもっている。

○─○─○─○ を分解するには3個の水分子が必要。

○─○─○ も水分子3個で分解できる。

スができるには 999 個の水分子が必要。

Keypoint

加水分解では，できたものの数－1個の水分子が必要

2. (1) α－グルコースのみ　(2) α－グルコースとフルクトース
(3) α－グルコースとガラクトース

▶解説◀　これらはすべて α－グルコースを含む。セロビオースは β－グ
ルコースだけで構成される二糖類，これが多糖類になったものがセルロー
スである。

3. 4個

▶解説◀　3種類の脂肪酸で油脂ができている。A，B，C の二重結合の
数を a，b，c とすれば，脂肪酸の二重結合の数が6個であることから，
$a + b + c = 6$。題意より $a = 0$，$b = 2c$ となる。これを先の式に代入して
求める。

4. 5種類

▶解説◀　グルタミン酸の2個のカルボキシ基を①，②，リシンのアミノ
基を③，④とすれば，結合の組み合わせは　①－③，①－④，②－③，②－
④の4種類が考えられる。さらに，グルタミン酸はアミノ基，リシンはカ
ルボキシ基を1個ずつもつので，ここでもペプチド結合ができる。よって，
5種類である。

発展 鏡像異性体を考えれば，それぞれについて四つの鏡像異性体がある
ので，$5 \times 4 = 20$ 種類の構造がある。

5. 酵素は複雑な三次元構造をもち，特定の基質と鍵と鍵穴の関係のよう
に結合して化学反応を促進する。これが基質特異性とよばれる。

▶解説◀　酵素のもつ三次元構造は，温度や pH によっても微妙に変わる。
酵素に最適温度や最適 pH があるのはこのためである。

6. ポリエステルなどの合成繊維には吸湿性がほとんどないが，天然繊維
の綿には－OH(ヒドロキシ基)が多数あるため，吸湿性に富んでいる。こ
のため，天然繊維は汗を吸い取る必要がある下着に使われる。靴下は摩耗
に耐える必要があるため，機械的強度に優れる合成繊維を混紡する場合が
多い。

7. (1) 原料：②，⑤　性質：③　(2) 原料：①，④　性質：②
(3) 原料：③　性質：①

条件を図にかいたり，式
に表したりすることで問
題が解ける。

鏡像異性体(鏡像関係に
ある D 体と L 体)をもつ
種類の異なる2分子の
結合は D-D，D-L，L-D，
L-L の4種類が考えら
れる。

セッケンには動物性や植
物性の油脂が使われる。
天ぷらなどの調理に使っ
たあとの廃油でもよい。

アルコールや重金属イオ
ンがあると酵素の三次元
構造が変わるため，触媒
作用が発揮されない。

吸湿性をもった合成繊維
としては，ビニロンなど
がある。

生物分野の入門

生物と細胞 〈p.28〉

確認問題 ━━━━━━━━━━━━━━━━━━━━━━━━━━━━━━

基礎チェック

(1) 細胞，核　　(2) 道管，師管　　(3) 二酸化炭素，酸素

1. (1) 記号：C　　名称：核　　(2) A：細胞壁　　B：細胞膜

(3) B，C　　(4) 記号：D　　名称：葉緑体

▶解説◀ (1) 核は酢酸カーミン液などの染色液でよく染まる。

(2) Cのまわりを満たしているのは細胞質で，それらを包むBが細胞膜。植物の細胞の場合，さらにその外側にはAの細胞壁がある。

(3) 動物と植物の細胞に共通のつくりは，核，細胞膜。

(4) 葉などの緑色はこの葉緑体の色である。

2. (1) ヨウ素液　　(2) 葉緑体　　(3) 光

▶解説◀ (1) 光合成が行われ，デンプンがあると青紫色になる。

(2) 葉緑体がある部分だけデンプンができたことから，光合成には葉緑体が必要なことがわかる。

(3) 光の当たった方だけデンプンができたことから，光合成には光が必要なことがわかる。

3. (1) A　　(2) 現象：蒸散　　名称：気孔

▶解説◀ (1)(2) 蒸散は，葉の裏側に多くある気孔を通して行われる。蒸散することによって新たな水を根から吸い上げるという役目もある。

4. (1) 記号：C　　名称：網膜

(2) 記号：B　　名称：こうさい(虹彩)

▶解説◀ (1) Aのレンズ(水晶体)を通ってきた光が，Cの網膜に像を映し出す。

(2) 暗いところでは，こうさいが縮み，ひとみが大きく開くことで多くの光を取り入れ，明るいところでは，こうさいが広がり，ひとみが小さくなって眼に入る光の量を少なくする。

顕微鏡の使い方／生物のつながり 〈p.30〉

確認問題 ━━━━━━━━━━━━━━━━━━━━━━━━━━━━━━

基礎チェック

(1) 生産　　(2) 消費　　(3) 分解

(4) 食物連鎖，光合成，呼吸

1. (1) ア：接眼レンズ　　イ：レボルバー　　ウ：対物レンズ

　　　エ：ステージ　　オ：しぼり　　カ：反射鏡

(2) ① ア　　② オ，カ　　③ イ　　④ ウ

(3) 600倍

(4) 視野：せまくなる。　　明るさ：暗くなる。

- 生物のからだは細胞でできている。

- 動物と植物の細胞に共通のつくり…核，細胞膜

- 植物の細胞に特徴的なつくり…葉緑体，細胞壁，液胞

- 光合成…二酸化炭素と水を原料に，光のエネルギーを利用して，葉緑体で行われる。デンプンなどがつくられ，同時に酸素もできる。

- 蒸散…葉の気孔から水蒸気が出ていく。

- 呼吸…気孔から酸素を取り入れ，二酸化炭素を出す。

- 眼，鼻，舌，耳，皮膚などのように，外界からのさまざまな刺激を受けとる部分を感覚器官という。

- 生物の観察には，ルーペ，光学顕微鏡，双眼実体顕微鏡などをその用途に合わせて用いる必要がある。

▶解説◀　(1)(2)　顕微鏡のレンズは，接眼，対物の順に取りつけ，対物，接眼の順に取りはずす。明るさの調節には反射鏡やしぼりを用い，対物レンズの倍率はレボルバーを回して変更する。

(3)　(顕微鏡の倍率)＝(接眼レンズの倍率)×(対物レンズの倍率)

よって，15〔倍〕× 40〔倍〕＝ 600〔倍〕

(4)　高倍率にすると，視野はせまくなる。また，目に入る光の量が少なくなるので，明るさは暗くなる。

2. (1)　A：肉食動物　　B：草食動物　　C：植物

(2)　A：減る。　　C：増える。　　(3)　食物連鎖

▶解説◀　(1)　一般に，食べる生物より食べられる生物の方の数量が多い。

(2)　えさとなる生物Bが減ったため，生物Aはえさ不足となり，数量は減る。一方で，生物Cは生物Bに食べられる数量が減るので増える。

(3)　生物どうしの食べる・食べられるという関係が，次々と鎖のようにつながっていることを食物連鎖という。

3. (1)　二酸化炭素　　(2)　A：植物　　B：草食動物　　C：肉食動物

(3)　①　光合成　　②　呼吸　　(4)　生態系

▶解説◀　(1)　すべての生物から出されているので，呼吸による二酸化炭素の排出である。

(2)　Aが植物，Bが草食動物，Cが肉食動物である。

(3)　二酸化炭素を取り入れるのは植物の光合成である。

(4)　生物だけでなく，その地域の環境も含めて，生態系という。

・食物連鎖における生物の数量関係は，植物を底辺とし，肉食動物を頂点とするピラミッドの形で表すことができる。

・生産者…植物
・消費者…草食動物，肉食動物
・分解者…菌類・細菌類
・炭素や酸素は食物連鎖だけでなく，光合成や呼吸によって自然界を循環している。

3章　生命の科学

1節　ヒトの生命現象

1 眼の構造とはたらき　　　　〈p.32〉

ポイントチェック

(1) 眼　　(2) 角膜　　(3) 水晶体(レンズ)　　(4) 虹彩　　(5) 網膜

(6) 盲斑　　(7) かん体細胞　　(8) 錐体細胞　　(9) 錐体細胞

(10) 青色, 赤色, 緑色　　(11) 暗順応　　(12) 明順応　　(13) 毛様体筋

(14) 視覚　　(15)錯覚　　(16)錯視

E X E R C I S E

1. (ア) 虹彩　　(イ) チン小帯　　(ウ) 毛様体　　(エ) 眼筋

　 (オ) 盲斑　　(カ) 視神経　　(キ) 瞳孔　　(ク) 角膜

　 (ケ) 水晶体(レンズ)　　(コ) ガラス体　　(サ) 網膜

　 (シ) 脈絡膜　　(ス) 強膜　　(セ) 黄斑

▶解説◀　(セ) 網膜中央部で錐体細胞が多く分布するところを黄斑とい
う。黄斑は視野の中心が像をつくる位置にある。

2. (1) (ア) ガラス体　　(イ) 視神経細胞　　(ウ) かん体細胞

　　　 (エ) 錐体細胞　　(オ) 脈絡膜

　 (2) 上　　(3) ウ

▶解説◀　網膜には, 光刺激を受容する視細胞のほか, 双極細胞(視覚情
報を中継する神経細胞), 視神経細胞が存在する。視細胞には太い錐体細
胞と細いかん体細胞の２種類がある。錐体細胞は色の識別をする。かん体
細胞は弱い光にも反応して, 明暗の識別をする。

Keypoint
視細胞には, 錐体細胞とかん体細胞の２種類がある。

3. (1) (ア) 水晶体　　(イ) 弛緩　　(ウ) 薄　　(エ) 収縮

　 (オ) 弛緩　　(カ) 厚　　(キ) 遠　　(ク) 近

　 (ケ) 瞳孔

　 (2) ③

▶解説◀　カメラのような光学機器では, レンズからフィルム面までの距
離を調節して, フィルム面にピントの合った像を結ばせる。眼では, 近点
と遠点の範囲内でピントを合わせる。

4. (1) a
　 (2) 盲斑は網膜の１点に集まった視神経が眼球から出ていく部分で
　　　 あるから。
　 (3) 網膜からの情報を大脳の視覚中枢で処理して調節しているため。
　 (4) 破線

▶解説◀　(3) 網膜の視細胞で得た情報は, 視神経を通って大脳に送られ,
視覚中枢で分解され再構成される。

チン小帯と毛様体筋は,
一方が収縮すると, も
う一方は弛緩する。

(4) かん体細胞は網膜の周辺部に多く分布するが，錐体細胞は黄斑の部分に多く分布する。

Keypoint

視覚中枢は大脳にある。

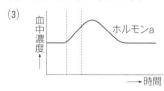 **2** ヒトの生命活動と健康の維持 〈p.34〉

ポイントチェック

(1) 血しょう　(2) 赤血球，白血球，血小板　(3) 酸素を運ぶ

(4) 病原体の排除

(5) グルコース(血糖)，細胞間の情報伝達にかかわるホルモン，抗体

(6) 血糖濃度　(7) インスリン　(8) B細胞　(9) グルカゴン

(10) 糖尿病　(11) 1型　(12) 2型

E X E R C I S E

1. (1) ㋐ 血しょう　㋑ 血球　㋒ 赤血球　㋓ 白血球

㋔ 血小板　㋕ ヘモグロビン

(2) ㋔

▶解説◀　赤血球は肺から各組織に酸素を運搬する。白血球は，からだの防衛にはたらき細菌などを捕食する。血小板は出血を防ぐためにはたらいている。血しょうは約90％が水で，ほかにタンパク質，アミノ酸，グルコース，ホルモンや，老廃物の尿素などを含む。また，組織で生じた二酸化炭素を肺に運ぶ。

Keypoint

血液は，血球(赤血球，白血球，血小板)と血しょうからできている。

2. (1) 約100 mg

(2) ホルモンa：インスリン　　ホルモンb：グルカゴン

(3)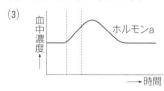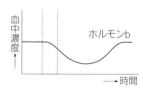

(4) インスリンが血糖をとり込む能力を失っている場合

▶解説◀　食後しばらくたっても，血糖濃度が高いままで下がってこない病気を糖尿病という。糖尿病には二つのタイプがある。1型は，ランゲルハンス島のB細胞が破壊され，インスリンをつくる能力が失われている場合で，2型は，インスリン濃度が増加しても血糖をとり込む能力が失われている場合である。

糖尿病は，手足の麻痺や壊死，網膜の障害による失明，腎臓の障害，動脈硬化などの合併症の原因となる。

ポイントチェック

(1) 免疫

(2) 樹状細胞，マクロファージ，好中球，B 細胞，T 細胞などから 3 種類

(3) 食作用　(4) 樹状細胞，マクロファージ，好中球から二つ

(5) 抗体　(6) 抗原抗体反応　(7) 二次応答　(8) ワクチン

(9) アレルギー　(10) アナフィラキシーショック

E X E R C I S E

1. (1) ⓐ樹状細胞　　ⓑヘルパー T 細胞　　ⓒB 細胞

　　(2) 抗体

　　(3) 抗原抗体反応

　　(4) 二次応答

▶解説◀ (1) 抗原を取りこんで食作用によって分解するのは，おもに樹状細胞ⓐである。樹状細胞は，抗原の分解物を細胞表面に示す。これを抗原提示という。樹状細胞の抗原提示を受け取り，B 細胞ⓒの増殖を促進するのはヘルパー T 細胞ⓑである。増殖した B 細胞は抗体産生細胞となって，抗体を放出する。

(2)(3) 抗体は免疫グロブリンというタンパク質からなり，膨大な種類がある。それぞれの抗体は 1 種類の抗原と特異的に反応し，これを無毒化する。これを抗原抗体反応という。

2. (1) ㋐ B　　㋑ 記憶　　㋒ 二次応答

　　(2) 2 回目の注射では抗原 A に対して二次応答が起こり，1 回目よりも多くの抗体が短時間でつくられたが，抗原 B は 1 回目の侵入なので，激しい反応が起こらなかったから。

▶解説◀ (1) 抗原の 1 回目の侵入によって活性化し増殖した B 細胞や T 細胞の一部は記憶細胞として体内に残り，同じ抗原の侵入に備えている。そのため，2 回目の侵入の際は，記憶細胞は速やかに増殖して強い反応が起こり，抗原を速やかに排除する。これを二次応答という。二次応答においては，抗体がつくられるまでの期間が一次応答よりも短く，また，つくられる抗体の量も一次応答と比べるとはるかに多く，抗体産生も持続する。

(2) 抗原と抗体で起こる抗原抗体反応は，特異性が極めて高い。この実験の 1 回目の注射によって，抗原 A に対する記憶細胞が形成されているので，2 回目の注射によって抗原 A が再度侵入すると，体内の記憶細胞によって二次応答が起こる。一方，抗原 B に対しては初めての侵入になるので，新たに抗体をつくる一次応答しか起こらない。

Keypoint

同じ抗原が再び体内に侵入すると，記憶細胞によって，すみやかに強い免疫反応(二次応答)が起こる。

キラー T 細胞とよばれる免疫細胞が，感染細胞などを直接攻撃するしくみもある。

4 ヒトの生命現象と DNA

〈p.38〉

ポイントチェック

(1) ヌクレオチド　　(2) リン酸，塩基

(3) アデニン，チミン，グアニン，シトシン　　(4) 二重らせん構造

(5) 塩基の相補性　　(6) ア T　イ C　ウ A　　(7) 塩基配列

(8) ウラシル　　(9) リボース　　(10) UACG　　(11) 転写　　(12) 翻訳

(13) 三つ　　(14) 遺伝子の発現

EXERCISE

1. (1) ㋐ A　㋑ C　㋒ T　㋓ G

　　(2) ④　　(3) ②

▶解説◀　(1)　DNA を構成している塩基の A（アデニン）は T（チミン）と，G（グアニン）は C（シトシン）と相補的に結合している。

(2)(3)　DNA は遺伝子の本体で，二重らせん構造をしている。DNA の構造の基本単位であるヌクレオチドは，糖（デオキシリボース）と，それに結合するリン酸・塩基（A，T，G，C）からなる。

(3)　④の U（ウラシル）は，RNA がもつ塩基である。

> A と T の数，G と C の数はそれぞれ等しく，
> A＋G ＝ T ＋ C の関係が成り立つ。

2. DNA　①，③，④，⑥

　　RNA　②，⑤，⑦，⑧

▶解説◀　DNA と RNA の違いは，次の通りである。

核酸	DNA	RNA
糖	デオキシリボース	リボース
塩基	A・T・G・C	A・U・G・C
構造	2 本鎖（二重らせん構造）	1 本鎖
はたらき	遺伝情報を担う	タンパク質合成にはたらく

3. (1) ㋐ 転写　㋑ 翻訳　　(2) 三つ

　　(3) a：mRNA

　　　　b：C　c：U　d：A　e：T　f：G

▶解説◀　(1)　DNA の二重らせんのうち，一方の鎖の塩基配列を鋳型として mRNA が合成されることを転写といい，転写によって合成された mRNA の塩基配列をもとにアミノ酸が並べられ，それらが結合してタンパク質が合成されることを翻訳という。

(2)　アミノ酸一つは，mRNA の連続する三つの塩基により指定される。三つの塩基の並び方によって，対応するアミノ酸が決まっている。

(3)　a は転写によって合成された mRNA である。b は G と相補的な C，c は A と相補的な U があてはまる。d ～ f はほどけた一方の DNA なので，d は T と相補的な A，e は A と相補的な T，f は C と相補的な G となる。

Keypoint

DNA と RNA の塩基の対応関係は，A に U，T に A，G に C，C に G。

1. (1) ㋐ 水晶体　㋑ 網膜　㋒ 錐体細胞
　　　㋓ 桿体細胞　㋔ 赤　㋕ 黄斑
　(2) 暗順応　(3) C
　(4) 盲斑には視細胞が分布していないため。

▶解説◀ (1)　光は，眼の角膜を通って水晶体に入り，水晶体で屈折する。屈折した光はガラス体を通って網膜へ達し，そこで光の受容細胞である視細胞(錐体細胞と桿体細胞)に受容される。

　錐体細胞には，青・緑・赤のそれぞれの光を受容する3種類の細胞があり，色の識別に関与する。錐体細胞は網膜の中心部にある黄斑に密に分布している。桿体細胞は色の識別には関与しないが，光に対する感度が高く，わずかな光にも反応する細胞で，黄斑には分布せず，その周辺部に広く分布している。

2. (1) ④
　(2) X：②　Y：④　Z：⑤
　(3) すい臓　ランゲルハンス島　B細胞
　(4) ③

▶解説◀ (1)　グラフを見ると，物質Zが増えるのに少し遅れてホルモンYが増えている。
(2) (1)の関係は，食事を始めてから血糖濃度が上昇し，それに応じて血糖濃度を低下させるインスリン(Y)が増え，インスリン濃度が上昇したようすだと判断できる。また，血糖濃度を上昇させるグルカゴンは血糖濃度やインスリン濃度の上昇に対し減少するので，Xはグルカゴンと判断できる。
(4)　インスリン(ホルモンY)の分泌が異常な病気に糖尿病がある。糖尿病患者は正常な人より血糖濃度が高い状態が続く。血糖濃度が高いと尿中にグルコースが含まれるようになる。そのため，糖尿病とよばれる。2型の糖尿病ではインスリンが正常〜過剰となるが，これは標的器官のインスリン感受性が低下するためで，インスリン不足の時と同様に血糖濃度は高くなる。これとは逆に，インスリンが不足しているときにも血糖濃度は高くなる。

3. (1) ⑤　(2) ウラシル　(3) ㋐ ②　㋑ ③　(4) ①
▶解説◀ (1)　DNAの二重らせん構造は，2本のヌクレオチド鎖が塩基間で相補的に結合した構造となっている。したがって，二つの塩基が対になっていて，AとT，GとCが相補的に結合している⑤が正解となる。
(2) DNAの塩基はA・T・G・C，RNAの塩基はA・U・G・Cである。
(4)　②食物として摂取されたタンパク質は，消化酵素によってアミノ酸に分解され，別のタンパク質の合成に使われる。
③　タンパク質はアミノ酸が連結されてできている。
④　mRNAの三つの塩基の並びは，一つのアミノ酸を指定している。

眼は，瞳孔の大きさを変化させることで，光の入る量も調整している。

2節　微生物とその利用

1　いろいろな微生物と微生物の発見 〈p.42〉

ポイントチェック

(1) 微生物　(2) 原核細胞　(3) 原核生物　(4) 真核細胞

(5) 真核生物　(6) 原生生物　(7) ウイルス　(8) 菌類

(9) 腸内細菌　(10) レーウェンフック　(11) パスツール

(12) 微生物　(13) 低温殺菌法　(14) コッホ　(15) 北里柴三郎

(16) 志賀潔　(17) フレミング

地球に最初に登場したのは核のない原核生物である。

E X E R C I S E

1. ②＞④＞①＞③

▶解説◀　それぞれの長さは，大腸菌は 2 ～ 4 μm，ゾウリムシは 170 ～ 250 μm，インフルエンザウイルスは 0.1 μm，ミドリムシは 30 ～ 100 μm である。

Keypoint
ウイルスは細胞構造をもたない。

細胞構造をもたない粒子であるウイルスが最も小さい。生物の中では核のない原核生物の細菌が小さく，単細胞生物でも細胞小器官が発達したゾウリムシは大きい。

2. ②

▶解説◀　ウイルスは，タンパク質と核酸で構成されており，宿主細胞に感染してその宿主の生命機能を用いて増殖する。宿主細胞なしには増殖できない。

3. (1) ④　(2) ①

　　(3) 抗生物質：ペニシリン　微生物：アオカビ　(4) ③

▶解説◀　(1) 微生物が発見されると，これらの微生物はどのようにして発生するかについて，議論が起こった。当時，微生物は自然に発生するという考えが多かった。しかし，パスツールは，微生物はすでに存在する微生物から発生するということを明らかにした。

(2) 北里柴三郎は 1894 年に政府によりペストの原因調査のため香港に派遣され，ペスト菌を発見した。

(3) フレミングは 1928 年，ペトリ皿上の細菌の集落(コロニー)を観察し，アオカビの周囲だけが透明で，細菌の生育が阻止されていることを見つけた。ペニシリンを製剤にする方法の開発に成功したのは 1940 年になってからである。

(4) 微生物の多くは肉眼で見ることができない。煮沸すれば生物は死滅する。寒天培地に集落(コロニー)を作る方法は最も一般的な方法である。

初めて発見された抗生物質は，アオカビが産生する物質だった。

4. (1) B

　　(2) 微生物の外部からの侵入を防ぐため。

▶解説◀　パスツールは 1862 年，白鳥の首フラスコを用いた精密な実験によって，現在の地球上において，微生物が自然に発生することはないと結論した。

現在の地球上では，生物は自然発生しない。

Keypoint
パスツールは自然発生説を否定した。

ポイントチェック

(1) 発酵　　(2) 腐敗　　(3) かつおぶし　　(4) 納豆

(5) みそ，しょうゆ　　(6) 冷蔵庫，冷凍庫

(7) 砂糖漬け，塩漬け，乾燥　　(8) 脱酸素剤　　(9) 缶詰，真空パック

(10) アルコール発酵　　(11) グルコース　　(12) エタノール，二酸化炭素

(13) 乳酸発酵　　(14) グルコース　　(15) 乳酸

E X E R C I S E

1. (1) ①　　(2) ③　　(3) ⑤　　(4) ⑦　　(5) ②　　(6) ④
　　(7) ⑥

▶**解説**◀ 　微生物のはたらきを利用した発酵食品は数多く存在する。ここでいう微生物はおもに，酵母，カビ，細菌の3種類である。また，何種類かの微生物のはたらきを複合的に利用したものも多く見られる。

2. (1) コウジカビ　　(2) a：アミノ酸　　b：グルコース
　　(3) 乳酸菌　　(4) 酵母　　(5) 加熱殺菌　　(6) みそ

▶**解説**◀ 　しょうゆはダイズやコムギを原料に，コウジカビや酵母，乳酸菌といった微生物のはたらきを利用した発酵食品である。コウジカビは，ダイズのタンパク質をアミノ酸に分解し，また，コムギのデンプンをグルコースに分解する。乳酸菌の作用で酸性になり，酵母のアルコール発酵で香りがつく。熟成したもろみをしぼって固体と液体に分けると生しょうゆができ，それを加熱殺菌するとしょうゆが完成する。

（欄外）最初にはたらくのはカビで，その次に細菌と酵母がはたらく。

3. (1) a 乳酸　　b 二酸化炭素　　c 酸素　　(2) (ウ)　　(3) (ア)
　　(4) 原料の牛乳に含まれるタンパク質が乳酸によって固まるから。

▶**解説**◀ 　乳酸発酵，アルコール発酵，呼吸の原料は同じで，グルコースである。乳酸発酵は，$C_6H_{12}O_6 \rightarrow 2C_3H_6O_3 + 196\,kJ$ で，1 mol のグルコースから，2 mol の乳酸が生成し，196 kJ のエネルギーを放出する。アルコール発酵は，$C_6H_{12}O_6 \rightarrow 2C_2H_5OH + 2CO_2 + 234\,kJ$ で，1 mol のグルコースから，2 mol エタノールと 2 mol の二酸化炭素が生成し 234 kJ のエネルギーを放出する。呼吸は，$C_6H_{12}O_6 + 6O_2 \rightarrow 6CO_2 + 6H_2O + 2870\,kJ$ で，1 mol のグルコースから 6 mol の二酸化炭素と 6 mol の水が生成し，2870 kJ のエネルギーを放出する。発酵では，生成した低分子の有機化合物に多くのエネルギーが残っているため，呼吸に比べ効率が悪い。また，酸素があるときには，発酵は抑制される。

3 微生物の利用（2） 〈p.46〉

ポイントチェック

(1) 抗生物質　　(2) 耐性菌　　(3) バンコマイシン　　(4) 糖尿病

(5) インスリン　　(6) 大腸菌　　(7) 酵素　　(8) 予防接種

(9) ワクチン　　(10) 抗原　　(11) 抗体　　(12) 抗原抗体反応

(13) マラリア

EXERCISE

1. ⑤→④→①→②→③

▶**解説**◀　注射用のヒトのインスリンは大腸菌につくらせている。

2. （ア）②　　（イ）①　　（ウ）③

▶**解説**◀　細菌とウイルスとカビでは，発病のメカニズムはまったく異なる。

3. インフルエンザ：①　　破傷風：③　　肝ジストマ症：⑥

▶**解説**◀　①　インフルエンザの適切な予防法は，ワクチン，手洗い，うがい，マスクである。

②　日本脳炎ウイルスを媒介するアカイエカなど，蚊の仲間には感染症を媒介するものがある。

③　傷口から破傷風菌などが感染するのを防ぐため，負傷したらすぐに消毒する必要がある。

④　ネズミが媒介する感染症は多数あるが，中でもペストは，14世紀ヨーロッパで猛威をふるい，黒死病として恐れられた。

⑤　日本の水道は消毒されており清潔で，雪解け水やわき水もきれいであるが，外国では水道水が飲めない国は少なくない。

⑥　肝ジストマ症の原因となる寄生虫は，小型のコイ科魚類に多く寄生している。よって，流行地で生食するのは危険である。

Keypoint

感染症の予防は，感染経路を断つことである。

4. ④

▶**解説**◀　①　新鮮な食品であっても例えば生カキに腸炎ビブリオがついていることがある。

②　食中毒は病原体によって感染経路が異なることがある。例えば，黄色ブドウ球菌は皮ふにふつうにいるが，サルモネラは鶏卵に，カンピロバクターは家畜の内臓に付着していることが多い。

③　多くの食中毒菌は，ある量を超えないと発病には至らないが，病原性大腸菌 O157 は少ない個体数でも発病の危険性がある。

④　加熱殺菌は多くの場合有効な方法であるが，病原体が産生した毒素が残留する場合がある。例えば，黄色ブドウ球菌は死滅したあとも，エンテロトキシンという毒素が残る場合がある。

⑤　大腸菌と一口にいってもさまざまな種類があり，病原性をもつのはその一部である。

⑥　病原菌の中には，増殖に酸素を必要としない嫌気性菌が存在する。ボツリヌス菌はその代表的なもので，真空パックの中でボツリヌス菌が増殖し，産出する毒素によって死亡事故が起きたことがある。

⑦　近年，日本の食中毒の発生件数1位はノロウイルスである。ウイルスは抗生物質が効かないため，病気がまん延することが多い。

インフルエンザの予防法は，よく知られているが，肝ジストマ症はあまり知られていない。

4 微生物の役割 〈p.48〉

ポイントチェック

(1) 自浄作用　(2) 活性汚泥　(3) 生態系　(4) 生産者
(5) 消費者　(6) 生産者　(7) 炭素，酸素，水素(C, O, H)
(8) 二酸化炭素　(9) 呼吸　(10) タンパク質　(11) 窒素固定
(12) 脱窒　(13) 根粒菌　(14) 菌根

E X E R C I S E

1. ②→④→③→①

▶解説◀　下水処理場の反応タンクでは，好気性微生物が汚水に含まれる有機化合物を利用して繁殖し，活性汚泥とよばれるかたまりを形成する。活性汚泥を沈殿させて取り除くことで水を浄化している。

2. (ア) ④　(イ) ②　(ウ) ③　(エ) ①

▶解説◀　生物群集(生産者＋消費者)とそれを取りまく非生物的環境のまとまりを生態系という。生態系の一番大きなものは，地球であるが，小さなものは，ペットボトルの中につくることもできる。

生態系の定義を確認する。なお，分解者は消費者の一部である。

Keypoint

生態系が成立するためには，生産者と消費者(分解者を含む)が必要である。

3. (1) ①　(2) ④　(3) ①

▶解説◀　(1) ①～⑤はどれも生物に特有の元素であるが，図には大気中の CO_2 が書いてあるので炭素とわかる。
(2) D は分解者のはたらきをもつものであるが，選択肢から当てはまるのは④の菌類・細菌である。
(3) 大気中の CO_2 を最も多く吸収するのは植物の光合成である。ちなみに地球温暖化の原因物質といわれている大気中の CO_2 濃度を減らす有効な方法は，化石燃料の消費を減らすこともう一つは，樹木を増やすことである。

地殻の構成元素としては含有量が少ないが，生物体に局在して多く含まれるのは，炭素と窒素である。

Keypoint

大気中の CO_2 を最も吸収しているのは植物の光合成である。

4. (1) ①　(2) ②　(3) ⑦　(4) (ウ) ⑥　(エ) ⑤
　　(5) ③

▶解説◀　(1) 植物は光合成により，二酸化炭素と水からグルコースを生成している。
(2) 窒素は空気の体積の約 80 % を占める成分であるが，植物は空気中の窒素を利用することができない。しかし，マメ科植物の根で生活する根粒菌は，空気中の窒素を取り込んで植物が利用可能な無機窒素化合物に変えることができる。
(4) 亜硝酸菌と硝酸菌は，植物が生育する土壌には必ず存在する。

24　2節：微生物とその利用

(5) 窒素同化とは，生物が外界から遊離窒素や無機窒素化合物を取り入れ，体内で必要なタンパク質や核酸などの有機窒素化合物をつくることである。

Keypoint

植物は空気中の窒素を直接利用できない。

節 末 問 題 <p.50>

1. ④

▶解説◀ 細菌は核をもたない原核生物であり多くは単細胞である。菌類は核をもつ真核生物でありカビやキノコの仲間である。菌類の多くは多細胞である。

2. ③，④

▶解説◀ ①② ウイルスがするのは自己複製のみである。

③ 厚生労働省は1歳および5～7歳の2回しかワクチンの接種をするよう呼びかけている。流行の状況によっては，13歳，18歳になる人が無料で受けられるようにしたこともある。

④ エイズのウイルス HIV はヒトのリンパ球 T 細胞を破壊するため，免疫力が低下する。

⑤ アカイエカが運ぶのは日本脳炎ウイルスである。

⑥ コレラの原因は細菌でありウイルスではない。

3. ②，⑤

▶解説◀ ② 酵母がつくるのは，エタノールと二酸化炭素であり，酢酸とアンモニアはつくらない。

⑤ 納豆は，納豆菌によってつくられる。

4. ②，⑥

▶解説◀ ① 砂糖漬けや塩漬けは水分をなくす。

③ 塩分濃度が高いほど微生物の生育を防ぐことができる。

④ いったん発酵させた食物も，条件によっては腐敗する。

⑤ 真空パック食品の中で活動する細菌は増殖に酸素を必要としない嫌気性菌と考えられる。

5. (1) ⑥　(2) ①　(3) ③　(4) ①，②

▶解説◀ (1) アミノ酸は有機化合物である。

(3) 微生物が常に有害物質を発生させるとは限らない。有用な物質を発生させる場合も多い。

物理分野の入門

いろいろなエネルギー 〈p.52〉

確認問題

基礎チェック

(1) ア：力　　イ：大きさ　　ウ：向き　　(2) 大きさ，距離

(3) 200J　　(4) 力学的エネルギー，力学的エネルギー保存

(5) エネルギー保存

▶解説◀　(3) 5[kg] = 5000[g]なので，この物体にはたらく重力の大きさ
は50Nである。よって，50[N] × 4[m] = 200[J]

1. (1) 放射　　(2) 対流　　(3) 伝導

2. (1) (a) 大きくなる。　　(b) 小さくなる。　　(c) 変化なし。

　　(2) 等しい。　　(3) C点　　(4) C点より低い点

▶解説◀　(1) 小球の速さはしだいに大きくなるので，運動エネルギーは
しだいに大きくなる。小球の高さがしだいに低くなるので，位置エネルギー
はしだいに小さくなる。位置エネルギーが減少した分だけ，運動エネルギー
が増加するので，力学的エネルギーは一定である。

(3) 力学的エネルギーは保存されるので，A点と同じ高さのC点まで上
がる。

(4) 摩擦によって，力学的エネルギーの一部が熱や音になって失われるた
め，C点より低い点までしか上がらない。

3. ア：核　　イ：熱　　ウ：運動　　エ：化学　　オ：光

▶解説◀　イ　火力発電は，熱エネルギーを電気エネルギーに変換する。

ウ　発電機は，運動エネルギーを電気エネルギーに変換する。

エ　電池は，化学エネルギーを電気エネルギーに変換する。

オ　太陽電池は，光エネルギーを電気エネルギーに変換する。

熱の伝わり方には伝導，
対流，放射がある。

位置エネルギーと運動エ
ネルギーの和は一定であ
る（力学的エネルギー保
存の法則）。

いろいろなエネルギーは
互いに移り変わることが
できる。そのエネルギー
の総量は変わらない（エ
ネルギー保存の法則）。

光と音の性質　〈p.54〉

確認問題

基礎チェック

(1) 反射角　(2) 屈折　(3) 焦点　(4) 実像，虚像　(5) 少な

1. (1) 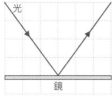 (2)

入射角＝反射角となるように反射する。

(3)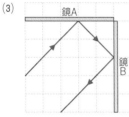

(4) (5)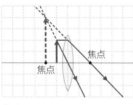

まず，軸に平行に進み凸レンズで屈折して焦点を通る光をかく。次に，凸レンズの中心を通り直進する光をかく。

▶**解説**◀　(1)(2)(3)　入射角と反射角は等しくなる。

(4)　物体から出た光が凸レンズを通って実際に集まってできる像が実像である。

(5)　物体を焦点の内側に置くと，凸レンズを通った光は集まらないので，スクリーン上に像はできない。このとき，凸レンズを通して物体を見ると，拡大された物体の像が見える。これを虚像という。

2.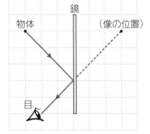

鏡に対して物体と対称の位置に像が見える。

▶**解説**◀　光は像の位置から目に直進するように入ってくる。

3. (1) A（と）B　(2) A（と）C　(3) B　(4) C

▶**解説**◀　(1)　AとBは振動する回数（振動数）が同じなので，音の高さは同じ。振動の幅（振幅）が違うので，音の大きさは違う。

(2)　AとCは振幅が同じなので，音の大きさは同じ。一定時間での振動数が違うので，音の高さは違う。

音の高さは振動数で決まる。
音の大きさは振幅で決まる。

4章 光や熱の科学

1節 熱の性質とその利用

1 ものの温度と熱平衡 〈p.56〉

ポイントチェック

(1) セ氏温度　(2) 310 K　(3) 熱運動　(4) 体積

(5) ブラウン運動　(6) 熱　(7) 熱平衡　(8) 対流

(9) 放射(または熱放射)　(10) 伝導(または熱伝導)

E X E R C I S E

1. (ア) 熱運動　(イ) 下　(ウ) 絶対　(エ) 上　(オ) 大き

(カ) 小さ　(キ) 大き

▶**解説**◀ 物質を構成している原子や分子の乱雑な運動を熱運動という。
ものの温度が低いほど熱運動は緩やかになる。−273℃に近づくと原子や
分子はほとんど熱運動をしなくなる。−273℃を絶対零度といい、これよ
り低い温度はない。ものの温度が上がると熱運動は激しくなり、分子の運
動の範囲が広がるため、その体積は大きくなる。固体や液体では分子間の
引力が大きいため、体積の膨張率は小さいが、気体ではこの力がほとんど
はたらかないため、膨張率は大きくなる。

液体の水が水蒸気へ変化
するときは、体積が約
1700倍にも膨張する。

2. (1) ○　(2) ○　(3) ×　(4) ○　(5) ○

▶**解説**◀ (1) 正しい。ここでの電磁波は赤外線である。一般に、高温の
物体から低温の物体へ、その間の空気などの存在に関係なく、赤外線の形
で熱が直接移動する現象を放射(熱放射)という。

(2) 正しい。固体・液体・気体の中で、最も分子間の力が強いのは固体で
あり、その次に強いのは液体である。気体ではこの力がほとんどはたらか
ない。熱運動が激しくなると、分子間の力を振り切ることができる。

(3) 取っ手の部分にプラスチックや木が用いられるのは、プラスチックや
木の方が鉄よりも<u>熱伝導の速さが小さい</u>ためである。熱伝導とは、高温の
物体から低温の物体へ熱が直接伝わる現象である。物質によって熱伝導の
速さは異なる。

(4) 正しい。地球規模の対流は、海流のほかに大気の対流もある。

(5) 正しい。セ氏温度と絶対温度は、基準は異なるが目盛りの間隔は同じ
である。

(1)熱放射によって移動し
た熱は、「輻射熱」といわ
れることもある。太陽の
光によって私たちが暖か
さを感じる現象は、太陽
の輻射熱によるものであ
る。

3. (1) 373　(2) −79　(3) −196　(4) 1074

▶**解説**◀ セ氏温度〔℃〕に273を足すと絶対温度〔K〕になり、絶対温度
〔K〕から273を引くとセ氏温度〔℃〕になる。

(2) 物質が液体を経ずに固体から気体、または気体から固体へと変化する
現象を昇華といい、その温度を昇華点という。ドライアイス(固体)は−79℃
で気体の二酸化炭素に昇華する。

アメリカ・カナダ・イギ
リスでは、日常生活でカ
氏温度(ファーレンハイ
ト温度)とよばれる温度
目盛りを使っている。単
位はファーレンハイト度
〔記号 ℉〕

Keypoint

セ氏温度 t〔℃〕と絶対温度 T〔K〕との関係は

$T = t + 273$

4. ㋐ 20   ㋑ 伝導(熱伝導)   ㋒ 対流   ㋓ 放射(熱放射)

(㋑〜㋓は順不同)

㋔ 下が   ㋕ 上が   ㋖ 熱平衡

▶解説◀ (1) 十分に時間がたつと，室内の空気からスチール机へ熱が移動してスチール机の温度も約20℃になる。

(3) 十分に時間がたって，二つの物体の温度が一致した状態を熱平衡という。

2 熱量／仕事と力学的エネルギー 〈p.58〉

ポイントチェック

(1) 熱量   (2) J   (3) 比熱   (4) 熱容量   (5) 仕事   (6) J

(7) エネルギー   (8) 運動エネルギー

(9) 運動(エネルギーと)位置(エネルギー)

E X E R C I S E

1. (1) 比熱：A＝B   熱容量：A＜B   (2) 皿A

(3) 小さい物質

▶解説◀ (1) 物質の温度を1gあたり1K上昇させるのに必要な熱量を比熱という。鉄球Aと鉄球Bは同じ物質からできているので，比熱は等しい。物体の温度を1K上昇させるのに必要な熱量を熱容量という。鉄球Aと鉄球Bは同じ物質からできているが，質量はBの方がAより2倍大きいので，熱容量もBの方が2倍大きい。

(2) 熱容量が大きい物体ほど，温度を1K上昇させるのに必要な熱量が大きいので，温まりにくい。皿Aと皿Bは同じ物質(同じ比熱)で，質量はBの方が大きいので，Bの方が熱容量は大きい。したがって，皿Bの方が温まりにくい(温度が上がりにくい)。よって，温度が上がりやすい皿はAの方である。

(3) 比熱の大きな物質ほど，温まりにくく冷めにくい。したがって，昼夜で温度変化が激しい砂は比熱の小さな物質といえる。それに対して海水は昼夜でほとんど温度変化がないため，比熱の大きな物質といえる。

> (3)砂と海水の比熱の違いは，風が生じる原因となり，その地方の気候に影響を及ぼす。

Keypoint

熱容量と比熱の関係

(熱容量)＝(質量)×(比熱)

2. (1) 2000J   (2) 0J   (3) －2000J   (4) 200N

▶解説◀ (1) 仕事の定義より，(仕事の大きさ)＝(力)×(移動距離)で求められる。加えた力の向きと移動の向きは同じなので，加えた力がした仕事は正の値である。したがって求める値は，200〔N〕×10〔m〕＝2000〔J〕である。

(2) 物体は，された仕事の分だけ運動エネルギーが増えるはずである。しかしながら，この問題のように物体をゆっくりと移動させている場合は，速さが増えないので運動エネルギーも増えていない。その原因は，物体がされた仕事の総量，つまり，加えた力がした仕事と摩擦力がした仕事の和が0Jであることと考えられる。

(3) (1)と(2)より,

$$\begin{cases} (加えた力がした仕事) = 2000〔J〕 \\ (加えた力がした仕事) + (摩擦力がした仕事) = 0〔J〕 \end{cases}$$

したがって，(摩擦力がした仕事) = -2000〔J〕

摩擦力のした仕事が負の値となったのは，摩擦力の向きと物体の移動の向きが逆だからである。

(4) 仕事の定義より，

(摩擦力がした仕事の大きさ) = (摩擦力)×(移動距離)

ここで，

(摩擦力がした仕事の大きさ) = 2000〔J〕，(移動距離) = 10〔m〕

したがって，(摩擦力) = 200〔N〕

Keypoint

仕事の定義：

(仕事の大きさ) = (力)×(移動距離)

ただし，力の向きと移動の向きが逆のときは，仕事は負の値となる。

3. (1) 100 J　(2) 位置エネルギー：0 J　運動エネルギー：100 J

(3) 100 J　(4) 同じ　(5) 同じ

▶解説◀ (1) 小球を静かに放しているので，放した直後の小球の速さは0と考えてよい。力学的エネルギーとは，運動エネルギーと位置エネルギーの和である。速さ0の場合は運動エネルギーも0なので，求める力学的エネルギーは点Aでの位置エネルギーと同じである。

(2) 点Oの高さは0なので，位置エネルギーは0である。題意より，小球の力学的エネルギーは変化しないので，点Aでの位置エネルギーがすべて点Oでの運動エネルギーに変化する。

(3) 点Bでは運動エネルギーは0であり，力学的エネルギーは変化しないことを考えると，点Aでの位置エネルギーがすべて点Bでの位置エネルギーとなる。

(4) (3)より，点Aと点Bでは，小球の位置エネルギーが等しいので，高さも等しい。

(5) 点Oでの運動エネルギーは(2)より100 Jであり，点Qに支えがあっても力学的エネルギーは一定である。よって，点Qを中心に位置エネルギー100 Jの高さで折り返す(運動エネルギーが0になる)ため，点Aの高さと等しくなる。

計算問題のポイント 〈p.60〉

1. (1) $90-t$〔℃〕　(2) $100c(90-t)$〔J〕　(3) $t-10$〔℃〕

(4) $300c(t-10)$〔J〕　(5) 30 ℃

▶解説◀ (1) t〔℃〕と90〔℃〕の大小関係に注意すること。【アドバイス】にあるように数直線をかいておくとミスが少なくなる。

(2) (お湯が失った熱量) = (質量)×(水の比熱)×(下がった温度)

(3) (1)と同様に，t〔℃〕と10〔℃〕の大小関係に注意すること。

(3)力がした仕事が負の値となるとき，「負の仕事をした」という。

(4)ゆっくりと移動しているときは，加えた力と摩擦力はつり合っている。もし，加えた力の方が大きいと，物体の速度は増え続け，物体はゆっくりと等速で移動することができない。

「力学的エネルギーが変化しない」ことを，「力学的エネルギーが保存される」という場合もある。

熱が外に逃げる場合は，

(お湯が失った熱量) = (水が得た熱量)

が成立しない。しかしながら，熱が外に逃げた分まで含めて考えると，熱量は保存される。つまり，

(お湯が失った熱量) = (水が得た熱量) + (外に逃げた熱量)

が成り立つ。

(4) （水が得た熱量）＝（質量）×（水の比熱）×（上がった温度）

(5) 熱量保存の法則より，

　（お湯が失った熱量）＝（水が得た熱量）

が成り立つので，(2)，(4)の結果を代入して，

$$100\,c\,(90-t) = 300\,c\,(t-10)$$
$$90-t = 3\,(t-10)$$
$$4\,t = 120$$

よって，　$t = 30$〔℃〕

Keypoint

比熱を使った熱量の計算：

　　（得た熱量）＝（質量）×（比熱）×（上がった温度）

ただし，失った熱量を求めるときは，下がった温度をかける。

2. (1) 60 J　(2) − 60 J　(3) 0 J

▶解説◀　(1) 仕事の定義より，（仕事の大きさ）＝（力）×（移動距離）であり，加えた力の向きと移動の向きは同じなので，加えた力がした仕事は正の値である。したがって求める値は，20〔N〕× 3.0〔m〕＝ 60〔J〕である。

(2) 摩擦力の向きと移動の向きが逆なので，摩擦力がしたのは負の仕事である。したがって求める値は，-20〔N〕× 3.0〔m〕＝ -60〔J〕である。

(3) 垂直抗力は，物体の移動の役に立っているわけではなく，移動の妨げにもなっていないので，仕事の値は 0 となる。

Keypoint

力の向きと移動の向きが逆 …仕事の値は負（負の仕事）

力の向きと移動の向きが垂直…仕事の値は 0

(2)ある力が物体の移動の妨げになっている（負の仕事をした）ときに，その力がした仕事の値は負になると考えてよい。

3. 27 J

▶解説◀　運動エネルギーの値は，$\frac{1}{2}$×（質量）×（速さ）^{2} で求められる。したがって，与えられた数値を代入すると，

$$（運動エネルギー）= \frac{1}{2} \times 6.0 \times 3.0^2$$
$$= 27〔J〕$$

これより，このボウリング玉は他の物体に衝突すると，その物体に 27 J の仕事をする能力があることがわかる。

Keypoint

運動エネルギーの計算：

　　（運動エネルギー）＝ $\frac{1}{2}$×（質量）×（速さ）^{2}

物体がエネルギーをもつということは，その物体が他の物体に仕事をする能力があるということである。

4. (1) 100 N　(2) 100 J　(3) 100 J　(4) 100 J

▶解説◀　(1) 物体にはたらく重力の大きさは，（質量）×（重力加速度）で求められることがわかっている。

与えられた数値を代入すると，

(1)中学校では，100 g の物体にはたらく重力の大きさは約 1 N であると学習している。しかし，厳密には重力加速度の大きさは約 9.8 m/s² であるので，0.1 kg（100 g）の物体にはたらく重力の大きさは約 0.98 N となる。

(重力) ＝ (質量) × (重力加速度)

$$= 10〔kg〕× 10〔m/s^2〕$$

$$= 100〔N〕$$

(2) 題意より，引き上げる力と重力の大きさは等しいので，

(引き上げる力がした仕事) ＝ (引き上げる力) × (移動距離)

$$= (重力) × (高さ)$$

$$= 100〔N〕× 1〔m〕$$

$$= 100〔J〕$$

(3) 引き上げる力がした仕事の分だけ，荷物には位置エネルギーが蓄えられる。したがって，

(位置エネルギー) ＝ (引き上げる力がした仕事)

$$= 100〔J〕$$

(4) 荷物がもっていた位置エネルギーが，地面に落ちる直前ではすべて運動エネルギーに変化するので，求める値は(3)と同じく100 Jである。

5. 25 J

▶**解説**◀ 位置エネルギーの値は，(質量) × (重力加速度) × (高さ)で求められる。したがって，与えられた数値を代入すると，

(位置エネルギー) ＝ 5.0 × 10 × 0.5

$$= 25〔J〕$$

これより，このボウリングの玉は床に置いてある物体に衝突すると，その物体に25 Jの仕事をする能力があることがわかる。

Keypoint

位置エネルギーの計算：

(位置エネルギー) ＝ (質量) × (重力加速度) × (高さ)

6. (1) 1000 J　(2) 950 J　(3) 20 m/s

▶**解説**◀ (1) 玉を落とす位置をAとする。Aでの位置エネルギーは，

(位置エネルギー) ＝ (質量) × (重力加速度) × (高さ)

$$= 5.0 × 10 × 20$$

$$= 1000〔J〕$$

(2) 地面より1.0 m高い所の位置をBとする。この場所での位置エネルギーは，

(位置エネルギー) ＝ (質量) × (重力加速度) × (高さ)

$$= 5.0 × 10 × 1.0$$

$$= 50〔J〕$$

玉の力学的エネルギーは変化しないので，位置Aでの位置エネルギーが位置Bでの位置エネルギーと運動エネルギーの和となる。

したがって，求める運動エネルギーを K とおくと，

$$1000 = 50 + K$$

$$K = 950〔J〕$$

(3) 玉の力学的エネルギーは変化しないので，位置Aにおける玉の位置エネルギーがすべて，地面に着くときの運動エネルギーに変化する。

(4)この過程では，力学的エネルギーは変化しない。つまり，力学的エネルギーは保存される。

4の(1)〜(3)の考察より，位置エネルギーは，(ゆっくりと引き上げる力) × (高さ) ＝ (質量) × (重力加速度) × (高さ)で求めることができる。

(2)位置Aにおける玉の速さは0なので，運動エネルギーも0である。したがって，位置Aにおける玉の力学的エネルギーは，運動エネルギー0〔J〕＋位置エネルギー1000〔J〕より，1000 Jである。

したがって，求める速さを V とすると，

(位置 A における位置エネルギー) = (地面につくときの運動エネルギー)

$$(質量) \times (重力加速度) \times (高さ) = \frac{1}{2} \times (質量) \times V^2$$

$$(重力加速度) \times (高さ) = \frac{1}{2} \times V^2$$

$$V^2 = 2 \times (重力加速度) \times (高さ)$$
$$= 2 \times 10 \times 20$$
$$= 400$$
$$よって，\quad V = 20 \text{[m/s]}$$

(3)地面は位置エネルギーの基準であるから，玉が地面に着くときは，玉の位置エネルギーは 0 となる。

3 熱と仕事およびエネルギー保存　〈p.62〉

ポイントチェック
(1)　熱運動　　(2)　電気　　(3)　化学　　(4)　太陽電池(太陽光パネル)
(5)　(原子)核　　(6)　エネルギー保存の法則　　(7)　断熱膨張
(8)　ジュール

E X E R C I S E
1. (1)　(ア)　仕事　　(イ)　熱(または内部)　　(ウ)　熱　　(エ)　ジュール
　　　　(オ)　4.2
　　(2)　42 J

▶解説◀　(1)　かつては，熱と仕事は別のものであると考えられていた。イギリスのジュールは，さまざまな実験を行って，仕事と熱の関係を調べた結果，熱と仕事は同等であり，水 1 g の温度を 1 K 上昇させるのに必要な熱に相当する仕事の量は 4.2 J であることを突き止めた。ジュールの実験は，熱がエネルギーの一形態であることの根拠となり，その後「エネルギー保存の法則」の確立に重要な役割をはたした。

(2)　(オ)より，水の比熱が 4.2 J/(g·K) である。水が得たエネルギーとは，水が得た熱量のことであるから，

　　(水が得たエネルギー) = (質量) × (水の比熱) × (上がった温度)
　　　　　　　　　　　　 = 20〔g〕× 4.2〔J/(g·K)〕× 0.5〔K〕
　　　　　　　　　　　　 = 42〔J〕

(2)温度差1℃と温度差1 K は同じだから，0.5℃の温度上昇は，0.5 K の温度上昇と考えてよい。

2. (1)　化石燃料　　(2)　a：化学　　b：熱　　c：運動
　　(3)　(ア)　核　　(イ)　熱　　(ウ)　光

▶解説◀　運動エネルギーから電気エネルギーを得る設備や装置を発電機という。発電機は，火力発電，原子力発電，地熱発電のほかに，水力発電や風力発電などにも使用されている。運動エネルギーを得るためのくふうがそれぞれ異なっている。

3. (ア) ⑥　(イ) ②　(ウ) ③　(エ) ⑥　(オ) ⑤　(カ) ①

▶解説◀　(オ)　光合成とは，緑色植物が光エネルギーを用いて，二酸化炭素と水から糖類(炭水化物)を合成することである。この際，光のエネルギーは，糖類(炭水化物)がもつ化学エネルギーに変換される。

ポイントチェック

(1) 不可逆変化　(2) 熱機関　(3) 熱効率　(4) $e = \dfrac{W}{Q} \times 100$

(5) $Q_1 = W + Q_2$　(6) 永久機関　(7) ハイブリッド・カー

E X E R C I S E

1. (1) 2000 J　(2) 25 %

▶解説◀ (1) エネルギー保存の法則より，

(熱機関が吸収した熱量 Q_1)

$\qquad$ = (熱機関がした仕事 W) + (熱機関が放出した熱量 Q_2)

が成り立つ。

したがって，

(熱機関がした仕事 W)

$\qquad$ = (熱機関が吸収した熱量 Q_1) − (熱機関が放出した熱量 Q_2)

$\qquad$ = 8000 − 6000

$\qquad$ = 2000〔J〕

(2) 熱効率とは，熱機関が吸収した熱量のうち，どれだけ仕事に変換したかを表す割合である。

したがって，この熱機関の熱効率を百分率で表すと，

$$(熱効率) = \frac{(熱機関がした仕事\ W)}{(熱機関が吸収した熱量\ Q_1)} \times 100$$

$$\qquad = \frac{2000}{8000} \times 100$$

$$\qquad = 25$$

よって，百分率で表すと 25 % となる。

Keypoint

百分率〔%〕で表すときの熱効率の計算：

$$(熱効率) = \frac{(熱機関がした仕事)}{(熱機関が吸収した熱量)} \times 100$$

2. ②

▶解説◀ 熱効率とは，熱機関が吸収した熱量のうち，どれだけ仕事に変換したかを表す割合である。したがって，「熱効率 100 % の熱機関は存在しない」とは「熱機関に与えた熱を全部仕事に変換することはできない」ということである。したがって，熱機関に与えた熱を全部運動エネルギーに変換することは不可能である。

3. (1) 利点：⑦, ⑦　問題点：⑪, ⑦

(2) 利点：㉗　問題点：㋔

(3) 利点：⑰, ㉗　問題点：㋕

▶解説◀ 火力発電は，燃料の確保や輸送が比較的容易であり，他の発電に比べるとどこにでも設置できる利点がある。また，天候に左右されず発電でき，熱効率も高い。しかしながら，使用する化石燃料には限りがあり，

(1) 自動車のエンジンが放出する熱は，冷却水へ放出する熱のほかに，排気とともに大気中へ放出する熱もある。

(2) おもな熱機関の熱効率は次のようである。
蒸気機関：10 〜 20 %
ガソリンエンジン：
　　　　20 〜 40 %
ディーゼルエンジン：
　　　　30 〜 45 %

机の上で本を滑らせると，本は摩擦の影響でいずれ止まる。このときは，本に与えた運動エネルギーがすべて熱に変換されている。

大量の二酸化炭素を排出するため，地球温暖化を引き起こす要因の一つになっているという問題点がある。

水力発電は，発電の過程で廃棄物を出さないという利点がある。水の位置エネルギーを利用して電気エネルギーを供給しているため，日本では自国内でエネルギー源をまかなえることも利点の一つである。しかしながら，ダムの建設によって環境破壊が生じるとともに，降雨量によって発電量が変動するという問題点がある。

風力発電は，風が吹けば24時間発電が可能で，海上にも設置でき，発電時に廃棄物やCO_2を排出しないという利点がある。その一方で，風速によって発電量が変動するとともに，騒音が発生するという問題点がある。

日本の電力の7割以上をもたらす火力発電には問題点も多く，風力発電や水力発電のような再生可能エネルギーの利用が進められているが，それぞれの発電方法にも問題点があるとともに，まだ再生可能エネルギーだけでは十分に発電することができないため，さらなるとり組みが検討されている。

4. (1) ○　(2) ○　(3) ○　(4) ×

▶解説◀　(4) ハイブリッド・カーは，内燃機関のエンジンと電気駆動のモーターの2種類の駆動装置をもった自動車である。一定の速度で走行するときや発電のためにエンジンによる動力を使用している。日本のハイブリッド・カーは，エンジンによる動力を主として補助的に電気駆動のモーターによる動力を用いる方式が主流であったが，エンジンを発電のみに利用してモーターによる動力を主とする方式も採用されている。

［節］［末］［問］［題］　　　〈p.66〉

1. (ア) 低　　(イ) 水蒸気　　(ウ) 熱　　(エ) 蒸発（「気化」でも可）

▶解説◀　空気が含むことのできる水蒸気の量は温度によって異なっている。温かい空気ほど水蒸気を含むことができるので，空気の温度が下がると，空気に含みきれなくなった水蒸気が水滴として現れる。また，空気の温度が上昇すると水滴は蒸発して再び水蒸気となる。

2. (1) 水

(2) ありうる。木片と金属片のどちらの温度も，手の温度と同じとき。

▶解説◀　(1) 人の体温は約36℃なので，25℃の物体に触れると，物体の種類（材料）に関わらず，人から物体へ熱は伝わる。しかし，物体の種類によって熱の伝わる速さは異なる。空気は熱の伝わる速さが遅いため，熱は空気中へなかなか伝わらないため，心地よく感じる。しかし，水は空気よりも熱の伝わる速さが大きいため，人のからだから水中へ熱がどんどん伝わっていくため，冷たく感じる。

(2) 手と触れた物体との温度が同じ場合は，熱の移動が起こらないので，熱くも冷たくも感じない。手と触れた物体との間に温度差があるときだけ，両者の間で熱の移動が起こる。手から物体へ熱が移動すると「冷たさ」の感覚が生じ，物体から手へ熱が移動すると「熱さ」の感覚が生じる。

3. (1) 90$(100 - t)$〔J〕　(2) 210$(t - 10)$〔J〕　(3) 37℃

水蒸気が水滴に変化するように，気体から液体へ変化することを，「凝縮（ぎょうしゅく）」という。

(1)空気よりも水の方が，熱の伝わる速さは大きい。100℃のサウナ風呂の中に入っても大丈夫なのに，100℃のお湯をかぶると大やけどをしてしまうのは，そのためである。

(2)氷に触れたときの「冷たさ」は，手から氷へ流出するエネルギー（熱）が引き起こしている。氷から手，つまり，「冷」から「暖」への"流れ"というものは存在しない。

▶解説◀　(1)　容器が失った熱量を Q_1 とする。容器の温度は $(100 - t)$〔K〕下がったから,

　(容器が失った熱量 Q_1) = (容器の質量) × (鉄の比熱) × (下がった温度)
　　　　　　　　　　　　　 = 200〔g〕× 0.45〔J/(g·K)〕× $(100 - t)$〔K〕
　　　　　　　　　　　　　 = $90(100 - t)$〔J〕

(2)　水が得た熱量を Q_2 とする。水の温度は $(t - 10)$〔K〕上がったから,

　(水が得た熱量 Q_2)
　　= (水の質量) × (水の比熱) × (上がった温度)
　　= 50〔g〕× 4.2〔J/(g·K)〕× $(t - 10)$〔K〕
　　= $210(t - 10)$〔J〕

(3)　熱量保存の法則より,

　(容器が失った熱量 Q_1) = (水が得た熱量 Q_2)
　　　　　$90(100 - t) = 210(t - 10)$
　　　　　$3(100 - t) = 7(t - 10)$
　　　　　　　　$10t = 370$
　　　　　　　　　$t = 37$〔℃〕

与えられた温度の関係を数直線にかくと，ミスが少なくなる。

4. (1)　40 km　(2)　12 km

▶解説◀　(1)　熱効率 100 % の夢のエンジンは，得た熱量をすべて仕事に変換できるので，ガソリン 1 L あたりに 40,000,000 J の仕事をすることができる。一方，空気抵抗などの摩擦力に逆らって車を動かすためには，少なくとも摩擦力 1000 N よりも大きな駆動力(車を前進させるために必要な力)が必要である。駆動力を必要最小限の 1000 N にすると，最大の走行距離を得られる。駆動力を 1000 N としてガソリン 1 L あたりに最大距離 x〔m〕を車が走行したと仮定すると，ガソリン 1 L あたりのエネルギー 40,000,000 J が，すべて駆動力のする仕事 $1000x$〔J〕に変換されるので，

　　$1000x = 40,000,000$
　　　　$x = 40,000$〔m〕
　　　　$x = 40$〔km〕

(2)　熱効率が 30 % のガソリンエンジンでは，(1)のときよりも $\frac{30}{100} = \frac{3}{10}$ 倍の仕事しかできないので，最大距離も $\frac{3}{10}$ になる。

よって，求める距離は，40〔km〕× $\frac{3}{10}$ = 12〔km〕となる。

(1)ゆっくりと動いているときは，駆動力と摩擦力がつり合っている。きわめてゆっくりと前進する場合でも摩擦力が存在している限り，駆動力は仕事をするので，ガソリン 1 L で走行できる距離に限界がある。
なお燃費とは，燃料 1 L あたりに走行できる最大距離のことである。

5. (1)　(ア)　温度　　(イ)　氷山　　(ウ)　分子　　(エ)　熱運動
　　　　 (オ)　(カップ 1 杯の熱い)お湯
　　(2)　お湯から氷　　(3)　熱　　(4)　不可逆変化

▶解説◀　(1)　熱エネルギーは，物質を構成している原子や分子の熱運動のエネルギーの総和である。したがって，熱エネルギーを増加させるには，原子や分子の数を増やすか，温度を上げて原子や分子の熱運動を激しくさせるとよい。

(2)　熱の移動は，必ず温度の高い方から低い方へ移動する。したがって，たとえそれぞれの熱エネルギーが等しくても，温度の高いお湯から温度の

(2)氷のかたまりとお湯のそれぞれの熱エネルギーが等しくなっても，分子 1 個あたりの熱エネルギーは，お湯の方が大きい。一般に，温度の高い物質ほど，分子 1 個あたりの熱エネルギーの値が大きい。

低い氷へ熱は移動する。

(3) 熱はエネルギーの一形態である。

(4) (2)の通り，熱は温度の高い方から低い方へ移動する。しかし，熱が自然に温度の低い方から高い方へ移動することはない。したがって，(3)の変化は不可逆変化である。

6. 電気エネルギーから電磁波のエネルギーを経て，熱エネルギーに変換されている。

▶**解説**◀　電子レンジでは，電気エネルギーを使ってマイクロ波とよばれる電波(電磁波の一種)を食品に当て，食品中の水分子を揺さぶって熱運動を激しくさせている。その結果，食品の温度は上昇する。

2節　光の性質とその利用

1 光の直進性と反射・屈折 ⟨p.68⟩

ポイントチェック

(1)　光源　　(2)　反射の法則　　(3)　屈折の法則　　(4)　全反射

(5)　点：焦点　　距離：焦点距離　　(6)　実像　　(7)　虚像

EXERCISE

1. (1)　(光の)直進性　　(2)　乱反射　　(3)　屈折

▶解説◀　(2)　りんごが見えるのは，りんご自身が光を出しているわけではない。りんごの表面では乱反射が起きており，反射の法則にしたがって特定の色の光が目に届くことで，りんごを見ることができる。

2. (1)

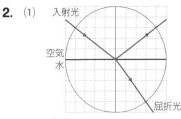

(2)　$\dfrac{4}{3}$　　(3)　**大きくなる。**　　(4)　**大きくなった。**

▶解説◀　(1)　反射の法則に従うように作図する。つまり，入射角＝反射角となるようにすればよい。入射角，反射角，屈折角の位置を間違えないように注意しよう。

(2)　相対屈折率の定義の式に $a = 4$，$b = 3$ を代入する。

Keypoint

相対屈折率 n_{12} の定義：

$$\frac{\sin \theta_1}{\sin \theta_2} = \frac{a}{b} = n_{12}(一定)$$

(3)　屈折の法則より，入射角が変化しても $\dfrac{a}{b}$ の値は一定である。したがって，a が大きくなると b も大きくなるので，入射角が大きくなると屈折角も大きくなる。

(4)　題意より，水あめを入れたことによって，入射角が変わらなくても屈折角が小さくなったので，a が変わらなくても b が小さくなった。したがって，(空気に対する水の屈折率＝)$\dfrac{a}{b}$ の値は大きくなったと考えられる。

3. (1)　①　　(2)

(3)　**虚像**

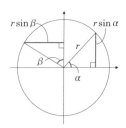

(2)空気から水中へ光が進むときは，必ず水面から離れるようにして屈折する。

(4)水あめを入れると，媒質である水の性質が変わるため，光の屈折の仕方も変化する。したがって，空気に対する水の屈折率も変化する。

水の中のコインが浮かび上がって見えるのは，水中から空気へ光が出ていくときに，光が屈折するためである。水の中に入れた箸が水面で曲がって見える現象も同じ原理である。

▶解説◀ （1） ②の経路ならばコインが見える位置は変化しない。③の経路ならばコインは実際の位置よりも沈んで見える。

（3） この像は，実際に光が集まってできた像ではないので，実像ではない。

4. （1）（ア）③　（イ）①　（2）2回　（3）①

▶解説◀ （1） プリズムの中から空気中へ進むときの光の屈折の仕方は，水の中から空気中へ進む場合と基本的には同じである。水の中から空気中へ光が進む場合は，水の表面に近づくように屈折するので，（ア），（イ）ともにプリズムの表面に近づくように屈折する。なお，（ア）を上下逆さまにしたものが（イ）になっている。

（2） 空気と凸レンズの境界（凸レンズの表面）を通過するときに，光は屈折する。したがって，空気中から凸レンズの中へ進むときと凸レンズの中から空気中へ出て行くときの計2回，光は屈折する。

（3） (1)の（イ）の場合を参考にするとよい。光軸に対して平行に進んだ光は，凸レンズを通過したあと，焦点に向かって進むという性質がある。（ウ）では，このことに対応している。

中心より周辺が厚いレンズを凹レンズという。凹レンズへ平行に入射した光は，1点に集まらずに広がってしまう。これは，凹レンズの上部が(イ)，下部が(ア)に対応していると考えるとよい。

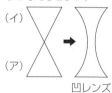

凹レンズ

2 レンズと光のスペクトル ⟨p.70⟩

ポイントチェック

(1) 焦点　(2) 実像　(3) 人間の眼（「カメラ」などでも可）

(4) 虚像　(5) 虫めがねなど　(6) 分散　(7) スペクトル

(8) 連続スペクトル　(9) 可視光線（可視光）　(10) 赤外線

(11) 紫外線

E X E R C I S E

1. (1)

P

実像

F′　Q′

Q　　　F　　O

P′

(2) 0.15 m　(3) 相似　(4) $\dfrac{b}{a}$　(5) 0.50

▶解説◀ （2） レンズの式に $a = OQ = 0.30$〔m〕，$f = OF = 0.10$〔m〕を代入して求めた b の値が OQ' である。

$$\frac{1}{0.3} + \frac{1}{b} = \frac{1}{0.1}$$

$$\frac{1}{b} = \frac{1}{0.1} - \frac{1}{0.3}$$

$$\frac{1}{b} = 10 - \frac{10}{3}$$

$$\frac{1}{b} = \frac{20}{3}$$

$$b = \frac{3}{20} = 0.15 \text{〔m〕}$$

$$\therefore \quad OQ' = 0.15 \text{〔m〕}$$

(2)レンズの式を用いるときは，先に文字式のまま変形して

$$b = \frac{af}{a-f}$$

としてから，数値を代入してもよい。

(3) △PQO と △P′Q′O において,

$$\begin{cases} \angle PQO = \angle P'Q'O & (= 90°) \\ \angle QOP = \angle Q'OP' & (対頂角より) \end{cases}$$

より,対応する2角が等しいので,△PQO ∽ △P′Q′O である。

(4) (3)より △PQO ∽ △P′Q′O なので,

レンズの倍率:$m = \dfrac{P'Q'}{PQ} = \dfrac{O'Q'}{OQ} = \dfrac{b}{a}$

(5) OQ = 0.30〔m〕と(2)で求めた OQ′ = 0.15〔m〕を(4)の結果へ代入すればよい。

$$m = \dfrac{b}{a} = \dfrac{O'Q'}{OQ} = \dfrac{0.15}{0.30} = \dfrac{1}{2} = 0.50$$

(5)物体に対して像が何倍になったかを表すものがレンズの倍率である。

2.

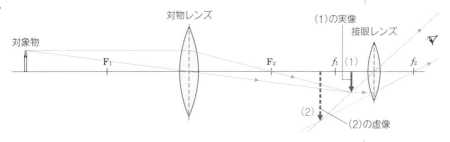

▶解説◀ (2) (1)で作図した対物レンズによる実像を,接眼レンズに対する"物体"と考えて作図をすればよい。

3. (1) 小さい:赤
　　　大きい:紫

　(2) A:青色
　　　B:赤色

▶解説◀ (1) 白色光はいろいろな色の光が混ざっている。プリズムに白色光が入射したとき,屈折する角度が小さい色から順番に,赤・橙・黄・緑・青・藍・紫となる。屈折する角度と屈折率は対応しているので,可視光線(目に見える光)の中では赤が最も屈折率が小さく,紫が最も屈折率が大きい。

(2) 光が水滴に当たると,空気中から水滴の中へ進むときと水滴の中から空気中へ進むときの2回屈折する。この際,(1)で考察したように色によって屈折する角度が異なるために光の帯となる。これが,虹が色づいて見える原因である。

(1)光がいろいろな色に分かれる現象を「分散」という。分散によってできた光の帯を「スペクトル」という。

(2)プリズムによって色が分かれる現象と虹が色づいて見える現象は,いずれも光の分散が生じているために見られるものである。

3 光の回折・干渉と偏光性　〈p.72〉

ポイントチェック

(1) 変位　(2) 波長　(3) 0　(4) 回折　(5) 干渉

(6) 回折,干渉　(7) 偏光　(8) 光弾性

EXERCISE

1.

(1) 2秒後

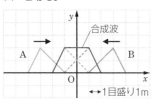

(2) 3秒後

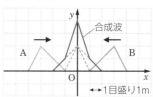

(3) 5秒後

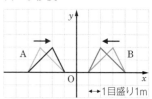

▶解説◀　(1)　1秒間あたりに1目盛り進むので，2秒後では波Aは右へ2目盛り，波Bは左へ2目盛り進む。作図の手順は以下のとおり。

① 波Aを右へ2目盛り，波Bを左へ2目盛り移動させた図をかく。このとき，三角形をした波の三つの頂点の移動に着目するとかきやすい。

② 波Aと波Bが重なっている部分は，それぞれの波の変位を足し合わせる。このとき，二つの波の変位が同じところは，その変位を2倍にすると合成波の変位となるのでかきやすい。

(2)　(1)と同様な手順でかくとよい。

(3)　5秒後は波Aと波Bが重なっている部分はない。この場合はもとの波として独立してそれぞれの波は進行する。

2. ㋐ 明る　㋑ 暗　㋒ 長　㋓ 大き　㋔ 回折格子

▶解説◀　山と山が重なる位置では振幅は足し合わされて大きくなるので明るくなる。山と谷が重なる位置では合成波の振幅が0となるので暗くなる。波長(山から隣の山までの間隔)が長いほど，縞の間隔は大きくなる。回折格子を使うと，多くのスリットからの光が重なるので，2本だけの複スリットの場合よりも鋭い明線ができる。

3. ㋐ 垂直　㋑ 偏光　㋒ 偏光板　㋓ 横

▶解説◀　光は横波であり，自然光は進行方向に対して垂直なあらゆる方向に振動している横波の集まりである。振動方向が偏光板の軸と平行な光はそのまま偏光板を通過し，垂直な光は通過できない。

4. ②

▶解説◀　① 山(または谷)から振動の中心までの距離を振幅という。

② 正しい。十分にせまいスリット(すき間)などに光を通すと，光が回折するようすが観察できる。

③ 進行方向に対して垂直に振動するものが横波，平行に振動するものが縦波である。水平方向に進行する波が上下方向に振動している場合，進行方向に対して垂直に振動していることになるので，これは横波である。

(3)波の衝突と粒子の衝突は異なる。二つの波が衝突しても，最終的には，それぞれの波は何事もなかったかのように，「すり抜けて」しまう。

③大きく上下に揺れる地震の波は縦波であると誤解している人が多いので注意しよう。

4　電磁波の利用　〈p.74〉

ポイントチェック

(1) (i) X線　(ii) 赤外線　(iii) 電波　(iv) 紫外線
　　(v) 電波　(vi) 電波　(vii) γ線

(2) 1 km　(3) 1 mm　(4) 1 μm　(5) 1 nm　(6) 1 pm

EXERCISE

1. （ア）反射光　（イ）視細胞　（ウ）可視光　（エ）赤外線
（オ）X線　（カ）透過率　（キ）白く

▶**解説**◀　電磁波の利用によって，各種の検査・計測の幅が大きく広がった。例えば，X線を利用すると検査物体を破壊することなく調べられるので，手荷物検査や医療分野のレントゲン写真などに利用されている。

2. (1) ④　(2) ⑤　(3) ①　(4) ③

▶**解説**◀　電磁波は，波長または周波数(振動数)で分類されており，電波，赤外線，可視光線，紫外線，X線，γ線などがある。これらは，種類に応じた特徴があり，その特徴をいかして私たちの生活のさまざまなところで活用されている。

3. 雲の可視画像は太陽の光に当たった雲からの反射光を写しており，夜になると雲からの反射光をとらえることができないため。

▶**解説**◀　雲は，雲自体の温度に応じた赤外線を出しているため，昼夜関係なく赤外画像は利用できる。テレビや新聞などで紹介される夜の時間帯の雲画像は，赤外画像である。

気象衛星からの赤外画像は，雲の温度が低温なほど白く写るようになっている。

| 節 末 問 題 | ⟨p.76⟩ |

1. (1)〜(4)

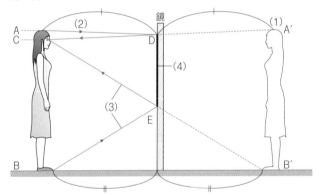

(5)　75 cm

▶**解説**◀　(1)　頭の先 A の像は，鏡の表面に対して線対称な点を A′ とすればよい。なお，この位置は，全身の虚像における頭の先の位置である。つま先 B の像も，同様に行えばよい。

(2)　A′C と鏡の表面の交点を D とすると，頭の先 A から出た光は D で反射して目 C に届く。このようにして経路を作図したとき，反射の法則(入射角＝反射角)を満たしている。

(3)　(2)と同様に考えて作図する。

(4)　つま先 B から出た光が目 C に届くときに鏡の表面で反射した点を E とすると，求める部分は DE である。

(5)　(4)より，DE の部分に鏡があれば全身の虚像が目に映ることになる。DE は AB の半分の長さとなっていることを考慮すると，少なくとも鏡は身長の半分の長さが必要であることがわかる。

光は最短経路をたどっている。つまり，A から鏡を経由して C に達する経路の中で，経路 ADC は最短である。

2. ④

▶解説◀　水面上の全空間の景色は，右図の 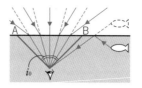 AB を直径とする円の中に見える（i_0 は臨界角）。この円の外側に池の底や水中の魚が全反射して見える。水面下ではどこでも全反射が生じているが，AB を直径とする円の中で全反射する光は目に届かない。したがって，④が不適切。

3. (1)　（ア）白色　（イ）赤　（ウ）黄　（エ）青
　　　　（オ）紫　（カ）分散　（キ）スペクトル
　　(2)　赤

▶解説◀　(1)　光がいろいろな色に分かれる現象を分散といい，分散によってできた光の帯をスペクトルという。
(2)　プリズムに光を入射したとき，屈折する角度が小さい光ほど屈折率は小さい。可視光線（目に見える光）の中では赤色の光が最も屈折する角度が小さく，紫色の光が最も大きい。したがって，最も屈折率が小さい光は赤色である。

4. （ア）b　（イ）$b-f$　（ウ）1

▶解説◀　レンズの式は，二組の相似三角形に着目し，二つの式を立てることによって，導くことができる。

5. （ア）反射　（イ）干渉　（ウ）色（「波長」，「振動数」でも可）
　　（エ）厚さ

▶解説◀　シャボン玉の表面が色づいて見える現象は，シャボン玉を膜の内側と外側でそれぞれ反射して目に届いた光が干渉を起こしているために生じている。それに対して，プリズムによって色が分かれる現象は，光がプリズムを通過する際に，色によって屈折率が違うために光の分散が生じることによって見られるものである。

6. (1)　○　(2)　○　(3)　×，赤外線　(4)　×，赤外線

▶解説◀　(1)　電気と磁気の振動が空間を伝わる波を電磁波という。
(2)　電磁波は，波長または振動数によって，電波，赤外線，可視光線，紫外線，X 線，γ 線などに分類されている。したがって，可視光線は電磁波の一種である。
(3)　赤外線は可視光線よりも波長がやや長い。それに対して，紫外線は可視光線よりも波長が短い。
(4)　テレビやエアコンなど家電製品のリモコンに利用されている電磁波は赤外線である。なお，携帯電話は電波を利用している。

虹の色を何色とするかは，国や地域によって大きく異なっている。アメリカでは赤，燈，黄，緑，青，紫の 6 色といわれることが多い。

物体に対して像が何倍になったかを表すものがレンズの倍率である。レンズの倍率は△ABO と△A′B′O が相似であることを利用すると，次のように表すことができる。

倍率：$\dfrac{A'B'}{AB} = \dfrac{OB'}{OB} = \dfrac{b}{a}$

波が重なり合い，強め合ったり弱め合ったりする波特有の現象を波の干渉という。単色の光が干渉すると，明暗の縞模様ができる。

人間の目には見えない電波，赤外線，紫外線，X 線，γ 線などの電磁波を観測できるようになってから，可視光線では観測できないさまざまな天体のようすが解明されている。

地学分野の入門

身近な天体 ⟨p.78⟩

確認問題

基礎チェック

(1) 恒星, 惑星　　(2) 衛星　　(3) 自転, 東, 西　　(4) 公転

1. (1) 火星：②　　木星：③

　　(2) 記号：①, ②　　名称：地球型惑星

　　(3) 銀河系

▶解説◀　(1) 火星は地球のすぐ外側を公転している。木星はすべての惑星の中で最も質量が大きい。

(2) 地球型惑星は平均密度が大きい。

(3) 宇宙には恒星の大集団(銀河)が無数に存在する。その中で, 太陽系を含む恒星の大集団を銀河系という。

2. (1) C　　(2) C, T　　(3) P：日の出　　Q：日の入り

▶解説◀　(1) Aが北, Bが西, Cが南, Dが東。

(2) Tは太陽が南中した点である。

(3) 透明半球のふちは地平線を表す。よって, 東側のP点が日の出, 西側のQ点は日の入りを表す。

3. (1) ウ　　(2) イ　　(3) 午後6時ごろ　　(4) 公転

▶解説◀　(1) 1時間に約15°東から西へ動いて見えるため, 4時間後には60°西へ動く。

(2) 1か月に約30°東から西へ動いて見えるため, 1か月前は(1)より30°東。

(3) (1)より1か月後の午後10時には, ウより30°西の位置に見える。イの位置に見えるのは, 4時間前。

4. (1) イ, ②

　　(2) ア：①　　ウ：③

　　(3) 地球が地軸を(公転面に垂直な方向に対して, 約23.4°)傾けたまま公転しているから。

▶解説◀　(1) 昼の長さが最も長い日は夏至。

(2) 南中高度が最も高いイが夏至, 最も低いエが冬至。よって, アが春分, ウが秋分となる。

(3) 地軸を一定の方向に傾けたまま公転しているので, その位置によって太陽の南中高度や昼の長さが変わり, 地面が受ける光の量が変わるため, 四季が生じる。

生きている地球 ⟨p.80⟩

確認問題

基礎チェック

(1) 侵食, 運搬, 堆積　　(2) 気団, 夏, 小笠原

- 太陽系には8個の惑星がある。
- 地球型惑星…水星, 金星, 地球, 火星
- 木星型惑星…木星, 土星, 天王星, 海王星

- 北半球で観測した場合, 太陽は東から南よりを通過して西に動いて見える。

- 地球の自転が1時間に約15°なので, 星も1時間に約15°ずれる。

- 地球の公転が1か月で約30°なので, 星も1か月で約30°ずれる。

- 夏至…
  南中高度：最も高い。
  昼の長さ：最も長い。
- 冬至…
  南中高度：最も低い。
  昼の長さ：最も短い。
- 春分・秋分…
  真東から太陽がのぼり, 真西に太陽が沈む。また, 昼と夜の長さは等しい。

(3) 海洋，大陸，大陸

1. (1) オホーツク海気団，梅雨前線

(2) 記号：C　　気圧配置：南高北低(型)

(3) 記号：D　　気圧配置：西高東低(型)

▶**解説**◀　(1)　天気図Aは東西に停滞前線が伸びる梅雨の時期である。オ
ホーツク海気団と小笠原気団などが影響しあって，間に梅雨前線が発達す
る。

(2)　天気図Cは日本列島の南側に高気圧が，北側に低気圧が位置している。

(3)　天気図Dは日本列島の西の大陸に高気圧が，東の太平洋で低気圧が発
達している。

2. (1) マグマ　　(2) C　　(3) A

▶**解説**◀　(1)(2)(3)　マグマのねばりけが弱いと，マグマが流れ出るような
噴火をし，傾斜のゆるやかな形の火山になる。また，マグマのねばりけが
強いと，爆発的な噴火をし，盛り上がったような形の火山となる。

3. ア　(ほぼ)一定　　イ　震度　　ウ　マグニチュード

▶**解説**◀　揺れは震央から同心円状に伝わるため，揺れ始めの時刻も同様
に広がる。

・シベリア気団…
　低温・乾燥，冬に発達。

・オホーツク海気団…
　低温・多湿，梅雨時に
　発達。

・小笠原気団…
　高温・多湿，夏・梅雨
　時に発達。

・マグマ…地下深くにあ
　る，高温でどろどろに
　とけた岩石。

・地震が起こると，速さ
　の違う二つの波が同時
　に発生し，どの向きに
　もほぼ一定の速さで岩
　石を伝わっていく。

5章　宇宙や地球の科学

1節　太陽と地球

1　宇宙の中の地球と天体の動き　〈p.82〉

ポイントチェック

(1) 恒星　　(2) 惑星　　(3) 天文単位　　(4) 地球型惑星

(5) 小さ，高，鉄，岩石　　(6) 木星型惑星

(7) 大き，低，核，水素，ヘリウム　　(8) 西から東

(9) 高：夏至，低：冬至　　(10)太陽暦　　(11)太陰太陽暦

E X E R C I S E

1. (1) B，D，E　　(2) A，C，F　　(3) B，D，E　　(4) C，F

▶**解説**◀　表中のA～Fの惑星は次のとおり。

A：火星，B：土星，C：金星，D：木星，E：海王星，F：水星

木星型惑星は全てリングと多数の衛星をもち，自転周期が1日より短い。木星，土星，天王星，海王星である。また，地球型惑星はすべてリングをもたず，自転周期が1日より長く，表面は岩石におおわれている。水星，金星，地球，火星である。このうち，水星と金星は衛星をもたない。

2. (1) (ア) 小惑星　　(イ) オールトの雲　　(ウ) 衛星　　(エ) 彗星

　　(2) 太陽エネルギーにより本体(核)から揮発成分や塵が放出され，太陽風により押し流されて尾を引く。

▶**解説**◀　彗星の本体は氷と塵の混合物。太陽に近づくと本体から揮発成分が蒸発して太陽と反対側に尾を引く。尾は直線上に伸びるプラズマの尾とやや曲がった塵の尾の2本を生じる。

3. (1) グレゴリオ暦　　(2) 太陰太陽暦

▶**解説**◀　「うるう年」について

実際に地球が太陽のまわりを1周する時間は365.2422日(1太陽年)かかり，1年を365日とすると，ずれが生じる。このずれを解消するために設けられているのが，うるう年である。グレゴリオ暦では以下のように決められている。

① 西暦年が4で割り切れる年をうるう年として，2月を29日間とする。

② ①に該当する年でも100で割り切れる年はうるう年としない。

③ ②に該当する年でも400で割り切れる年はうるう年とする。

以上の結果，実際の太陽とグレゴリオ暦とのずれは，400年で約3時間となった。

彗星のうち，短周期のものは太陽系外縁天体から太陽系内部に落ちてきたもの，長周期のものはオールトの雲から落ちてきたものと考えられている。

2 潮汐と人間生活　〈p.84〉

ポイントチェック

(1)　潮汐　　(2)　起潮力　　(3)　干潮　　(4)　大潮

(5)　満月・新月の頃　　(6)　月　　(7)　核融合反応　　(8)　光球

(9)　黒点　　(10)　プロミネンス(紅炎)　　(11)　X 線

(12)　磁気嵐, デリンジャー現象

E X E R C I S E

1. (1) (ア)　干潮　　(イ)　満潮　　(ウ)　大潮　　(エ)　小潮

(2) ④

▶解説◀　(1)　起潮力はおもに月の引力によって生じる。月に面した側へ海水が引き寄せられて海面がふくらむのと同時に, 月と反対側でも海面はふくらむ。このように変形した海面の中で地球が自転しているため, 地表面上の各地点は, 1 日のあいだにほぼ 2 回ずつふくらみとへこみの中を通過し, 半日周期の海面の昇降運動が生じる。

(2)　太陽の引力による起潮力の影響は, 月のおよそ半分である。新月と満月の頃は, 月と太陽の起潮力が強め合って潮位差が大きくなるが, 上弦と下弦の頃は, 月の起潮力を太陽の起潮力が弱めるため, 潮位差が小さくなる。

2. (a) (ア), コロナ　　(b) (オ), 黒点　　(c) (ウ), フレア

(d) (キ), 彩層　　(e) (カ), 光球　　(f) (イ), プロミネンス(紅炎)

(g) (エ), 粒状斑

▶解説◀　太陽の構造と特徴は次のとおり。

光球	可視光線で観察される太陽の表面で, 厚さ約 500 km のガスから放射されている。表面温度は約 6000 K。
黒点	温度は 4500 K 程度と低温で, 黒く観察される。黒点が光球上を移動していることから, 太陽が自転していることがわかる。
粒状斑	光球全体に見られる小さな対流による渦。
彩層	皆既日食の際だけ観察される, 赤色の薄い大気の層。
コロナ	太陽大気の最外層で, 皆既日食の際に真珠色に観察される。
プロミネンス(紅炎)	彩層からコロナにかけて巻いた形で炎のように立ち上がり, ときには高さ数十万 km にも達する。皆既日食の際には文字通り紅色の炎状に観察される。
フレア	太陽活動が活発な時期に黒点付近で見られる爆発現象。フレアが起こると太陽風が強まり, オーロラが観察されデリンジャー現象や磁気嵐が生じる。

ポイントチェック

(1)　可視光線　　(2)　赤外線　　(3)　二酸化炭素，水蒸気

(4)　ハビタブルゾーン　　(5)　低緯度地方　　(6)　大気，海洋

(7)　太陽放射　　(8)　化石燃料　　(9)　偏西風　　(10)　ジェット気流

E X E R C I S E

1.　(1)　(ア)　可視光　　(イ)　垂直　　(ウ)　赤外

　　　(2)　温室効果　　(3)　水蒸気，二酸化炭素

▶**解説**◀　(1)　ア，ウ　物体がおもにどの電磁波を放射しているかは，物体の表面温度で決まる。太陽の表面温度は約6000 Kであり，この程度の温度をもった物体の放射エネルギーのピークは可視光線に相当する。可視光線は，ヒトの視覚でとらえることのできる電磁波の領域だが，実際には，太陽放射のエネルギーのピーク付近をとらえることができるように視覚が進化してきたと考えられる。

　一方で，地球表面の平均温度はおよそ300 Kで，地球はおもに赤外線による放射を行っている。

(1)　イ　地表が受け取る太陽放射エネルギーは，太陽光の入射角や，大気の反射や吸収，場所や時間によって異なる。そこで，大気の影響がない大気圏上層で，太陽光に垂直な1 m²の平面が1秒間に受け取る太陽放射エネルギーを測定したものを太陽定数と定義している。

(2)　地球大気は，可視光線をほとんど吸収しない一方で，赤外線は大部分を吸収する性質がある。つまり，太陽から入射したエネルギー（可視光線）は，地球大気を通過→地表を加熱→地表からの赤外放射は地球大気が吸収，というプロセスを経て地球大気は暖まる。なお，地球大気から宇宙空間へは赤外放射が行われており，エネルギー収支は平衡が保たれている。

(3)　温室効果ガスとは，地表からの赤外線を吸収する性質のある気体のことである。地球大気に含まれるおもな温室効果ガスは水蒸気と二酸化炭素で，これら以外にメタン，オゾンなどがある。

2.　(1)　(ア)　太陽放射　　(イ)　地球放射

　　　(2)　③　　(3)　大気，海洋

▶**解説**◀　(1)　地球が受け取る太陽放射は，地表面と太陽放射の角度によって決まる。このため，赤道で受け取るエネルギーと極で受け取るエネルギーとの差は大きい（実線ア）。

(2)(3)　太陽からの受熱量も，地球からの放熱量も，低緯度ほど大きく高緯度ほど小さい。ところが，大気や海洋の作用によって地表の温度差を小さくしようとする作用がはたらくため，低緯度と高緯度の温度差は比較的小さく，地球からの放熱量の差も比較的小さくなっている。このため，太陽放射エネルギーから地球放射エネルギーを引いた値は，低緯度では正（＋）に，高緯度では負（−）になる。つまり，低緯度では熱が過剰になり，高緯度では熱が不足することになる。この不均衡を解消するために大気や海水が循環し，熱を輸送する。

太陽放射と地球放射が等しくなるのは緯度37°〜38°付近である。

4 日本の気候と気象災害　〈p.88〉

ポイントチェック

(1) 気団　(2) 西高東低　(3) 小笠原気団

(4) 梅雨前線（または秋雨前線）　(5) 降雪　(6) 17.2 m/s

(7) ②反時計まわり　(8) 右側　(9) 高潮　(10) 集中豪雨

(11) 暴風雪

EXERCISE

1. (1) 名称：梅雨前線　　種類：停滞前線

(2) オホーツク海，小笠原

(3) 低温で曇りや雨の日が続く。海上では霧が発生しやすい。

(4) 太平洋高気圧（小笠原高気圧）

▶解説◀　(1) 日本列島上に停滞前線が形成されるのは，6〜7月の梅雨と9月の秋雨の時期の2回があり，後者は秋雨前線とよばれる。

(3) 梅雨前線が活発で北東寄りの低温の風が吹く（「ヤマセ」とよばれる）と，曇りや雨の日が続き，農業へ被害が出る。とくに稲の花の開花時期にヤマセが吹き続くと，凶作を引き起こすことが多い。

2. (1) ㋐ シベリア　㋑ 西高東低型　㋒ 対馬

㋓ 降雪　㋔ 低気圧（温帯低気圧）　㋕ 小笠原

㋖ 雷雨　㋗ 台風

(2) 寒冷で非常に乾燥した風

▶解説◀　冬季，太平洋側に脊梁山脈から吹き下りる風は，寒冷で非常に乾燥しており，颪や空っ風とよばれている。なお「〜颪」と付く風は，吹き下ろしてくる山の名がつけられていることが多い。
(例)赤城颪（赤城山：群馬県），筑波颪（筑波山：茨城県），六甲颪（六甲山：兵庫県）

3. (1) 秋雨前線　(2) 右側　(3) 小笠原気団　(4) 土石流

▶解説◀　(2) 台風内で2点A，Bを考える。台風では反時計まわりに風が吹き，この風速をVとする。また台風は日本付近において，南北方向では北に進み，その速度をUとする。東側のA点ではVとUが同じ向きなので速さは和となり$V+U$，一方西側のB点ではVとUは逆向きなので速さは差となり$V-U$。よって，東側のA点の方が風は強くなる。

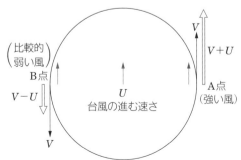

(1) 前線は性質の異なる気団と気団の境界に形成され，雲が発生し降水が見られる。成因により温暖前線，寒冷前線，閉塞前線，停滞前線の4種類に分類される。

実際の台風は中心に向かって渦を巻くように風が吹いているため，風の方向や強さを求めるにはより複雑な計算が必要になる。

1. (1) 低い

(2) 太陽は固体ではなくガス体である。

(3) ④

▶解説◀ (1) 黒点は光球（約6000 K）よりも温度が低く（約4000 K），暗く見える。これは，黒点付近に強い磁場が存在し，中心部からの熱の流れを妨げているからである。黒点の出現位置や数は，約11年周期で変化する。黒点の数が多いときは太陽活動が活発化している時期である。また，黒点のまわりには，光球よりもやや温度が高い白斑とよばれる斑点が見られることがある。

(2) 太陽は赤道に近いほど速く自転している。このように，緯度により自転の速度が変化するのは太陽がガスの塊である証拠であり，同様の現象は木星型惑星でも見られる。なお，太陽の自転周期は赤道付近で約25日である。

(3) 太陽の活動によって雷の発生が誘発されるようなことはない。フレアに伴って，まず，強いX線と紫外線が地球に到達する。これらの電磁波は，デリンジャー現象を引き起こす。また，太陽面からは荷電粒子の流れである太陽風も放出され，これらの荷電粒子は地球磁場に影響を及ぼし，磁気嵐が発生する。また，荷電粒子の一部は地球大気に侵入，大気分子と衝突発光し，オーロラを発生させる。

2. (1) 可視光線，赤外線，紫外線 (2) 赤外線

(3) 温室効果 (4) 約50%

3. (1) (a) ① (b) ③ (c) ② (d) ④

(2) 日本海側で雪や雨，太平洋側で晴天になる。

(3) b

(4) 偏西風

(5) 干ばつ

▶解説◀ (1) 天気図(a)は西高東低の冬型の気圧配置，(b)は停滞前線（ここでは梅雨前線）が日本の東西に横断している。(c)は日本が移動性高気圧におおわれる春や秋の気圧配置，(d)は南高北低型の夏の気圧配置となっている。

4. (1) ア × →8個 (2) ア × →火星と木星 (3) ア ○

(4) ア × →公転 イ × →年周 (5) ア × →うるう年

(6) ア × →月 イ × →大きく ウ × →大潮

(7) ア × →核融合反応 イ ○ (8) ア × →可視光線

▶解説◀ (4) 地球が太陽のまわりを1年に1回公転するようすは，地上から見ると，太陽が天球上の星座のあいだを1年かけて，西から東へ1周するように見える。この太陽の1年周期の運動を年周運動とよび，天球上における太陽の道を黄道という。

X線や紫外線は光速（約30万km/s）で伝わるため，太陽を出て約8分で地球に到達する。一方，荷電粒子の移動速度は数100km/sであり，約2〜3日かかって地球に到達する。

2節　身近な自然景観と自然災害

1　自然景観を知る　〈p.92〉

ポイントチェック

(1)　褶曲　　(2)　逆断層　　(3)　正断層　　(4)　横ずれ断層

(5)　風化作用　(6)　カルスト地形　(7)　侵食作用　(8)　V字谷

(9)　土石流　(10)　扇状地　(11)　三角州

EXERCISE

1. (1) ㋐　逆断層　　㋑　正断層　　㋒　横ずれ断層

　　(2) ㋐　押す力　　㋑　引く力

▶解説◀　アは，押す力によって地層が垂直方向にずれてできた断層で，断層面の上側が上方にのり上げている逆断層である。イは，引っ張る力によって地層が垂直方向にずれてできた断層で，断層面の上側が下方にずり落ちている正断層である。

　　ウは，押す力によって地層が水平方向にずれてできた横ずれ断層である。

2. (1) ㋐　V字谷　　㋑　扇状地　　㋒　河岸段丘

　　　　㋓　蛇行　　㋔　三角州

　　(2)　急な傾斜から緩やかな傾斜に変わる。

　　(3)　土地の隆起または海面低下が繰り返し起こる。

　　(4)　比較的粒径の小さな粘土を多く含んでいる。

▶解説◀　(2)　河川の運搬力は流速の3乗に比例する。勾配が急から緩やかに変わる平野の入口付近では，運搬力が急に低下するため礫や粗粒の砂が堆積し，扇状地を形成する。

(4)　三角州は平坦で，おもに細かい粘土からなる。水に恵まれることから，古来稲作地として利用されてきた。

3. (1)　①，③，④，⑧，⑪　　(2)　②，⑤，⑥，⑦，⑨

　　(3)　⑩　　　　　　　　　　(4)　①，⑧

　　(5)　⑤

▶解説◀　(1)　河川による侵食地形：③蛇行，④V字谷，⑪河岸段丘
氷河による侵食地形：①U字谷，⑧カール

(2)　河川による堆積地形：②扇状地(河川の中流)，⑤三角州(河口など)
海での堆積地形：⑥砂浜，⑦砂嘴，⑨砂州

(3)　石灰岩は雨水や地下水(二酸化炭素を溶かしこんでいるため弱酸性)により溶かされ，カルスト地形とよばれる独特の景観をもつ地形をつくる。地表にはドリーネ(すりばち状の凹地)やカレンフェルト(柱状の岩が墓石のように立つ)などが，地中には鍾乳洞，鍾乳石，石じゅんなどが形成される。

(4)　氷河とは，積雪が押し固められ氷となり，重力によってゆっくりと流れ下るもの。大きな侵食力をもち，山頂付近で形成されるカール(圏谷)，中流域には広い谷のU字谷をつくる。

河川の侵食力は流速の速いカーブの外側で大きい。時間とともに河川はカーブが次第に強まり，蛇行するようになる。

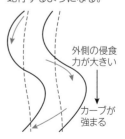

外側の侵食力が大きい

カーブが強まる

ポイントチェック

(1) 地殻　　(2) リソスフェア，アセノスフェア

(3) 中央海嶺(海嶺)，海溝

(4) (海洋プレート)太平洋プレート，フィリピン海プレート
　　(大陸プレート)ユーラシアプレート，北アメリカプレート

(5) 地震，火山(，断層活動)　　(6) 変動帯　　(7) 島弧　　(8) 海溝

(9) 島弧－海溝系　　(10) 日本海溝　　(11) 地熱発電　　(12) 鉱床

(13) GPS

E X E R C I S E

1. (1) Ⓐ　フィリピン海プレート　　Ⓑ　太平洋プレート
　　　　Ⓒ　北アメリカプレート　　Ⓓ　ユーラシアプレート

(2) ①

(3) Cの下にBが潜り込んでいる。

(4) AとD

▶解説◀　(4) 東南海地震は紀伊半島沖から遠州灘にかけての海域で，また南海地震は紀伊半島沖から四国南方沖の海域を震源として，いずれも約100 ～ 150 年の周期で発生してきた海溝型地震である。規模はマグニチュード 8 前後と巨大である。

2. ㋐　10 数　　㋑　地殻　　㋒　海嶺(中央海嶺)　　㋓　1 ～ 10 cm
　　㋔　日本海溝　　㋕　北アメリカ　　㋖　厚　　㋗　ひずみ
　　㋘　プレート境界地震　　㋙　100 km　　㋚　火山

3. (1) アセノスフェア

(2) 伊豆・小笠原海溝

(3) ○

▶解説◀

(1) 流動性がある上部マントルの部分はアセノスフェアである。その上部(地殻＋上部マントル)はかたく，リソスフェアまたはプレートとよばれる。

(3) 日本列島は複数の島弧からなり，太平洋プレートが沈み込む千島列島～東北日本～伊豆・小笠原諸島と，フィリピン海プレートが沈み込む西南日本～琉球列島にそれぞれ連なる島弧がある。

3 地震・火山のしくみと災害(1) ⟨p.96⟩

ポイントチェック

(1) マグマ　　(2) 海洋プレートが大陸プレートに潜り込む付近

(3) 火山フロント(火山前線)　　(4) 火山灰　　(5) マグマだまり

(6) 火砕流　　(7) 溶岩流　　(8) カルデラ　　(9) 規模(エネルギー)

(10) 震度　　(11) プレート境界地震(海溝型地震)　　(12) 活断層

(13) 海底(海溝付近)

(11)海溝型地震の例として，関東大地震(1923年，M7.9)や南海地震(1946 年，M8.0)，東北地方太平洋沖地震(2011年，M9.0)がある。
直下型地震の例としては，兵庫県南部地震(1995年，M7.3)や新潟県中越地震(2004 年，M6.8)，熊本地震(2016 年，M7.3)がある。

E X E R C I S E

1. (1) ① 盾状火山　　② 成層火山　　③ 溶岩ドーム(溶岩円頂丘)

(2) ③　　(3) ①　　(4) ②　　(5) ③

(6) ⑦ ②　　④ ③　　⑨ ①　　⊕ ②　　㋩ ①

▶解説◀ (6) 日本列島には成層火山が多く，富士山以外には羊蹄山(北海道)，岩木山(青森県)，鳥海山(秋田・山形県)，浅間山(群馬・長野県)，桜島(鹿児島県)などがある。また溶岩ドームは昭和新山のほか，有珠山(北海道)や雲仙岳(長崎県)がある。一方，典型的な盾状火山は日本列島には見られず，ハワイ諸島やアイスランドに存在する。

2. ⑦ 溶岩流　　④ 三原山　　⑨ 2　　⊕ 桜島　　㋩ 火山れき

㋬ 火山岩塊　　㋭ 水蒸気　　㋬ 火道　　㋭ マグマだまり

㋙ 火砕流　　㋚ 雲仙岳

▶解説◀ 火山ガス：主成分は水蒸気と二酸化炭素だが，硫化水素や二酸化硫黄，塩化水素なども含む。これらは毒性があるため動植物に影響を与え，雨水に溶けると酸性雨となる。

火砕流：火山ガスと火山灰などの火山砕せつ物が混合して火山斜面を高速で流下する現象で，溶岩ドームで起こりやすい。雲仙岳にある普賢岳は1991年6月に火砕流を起こし，43名の死者・行方不明者と9名の負傷者を出す惨事となった。

3. (1) 海洋プレートが大陸プレートの下に沈み込むことによって蓄積されたひずみが限界に達し，大陸プレートがはね上がって発生した。

(2) 200 m/s　　(3) 720 km/h　　(4) 24

▶解説◀

(2) $V = \sqrt{gh} = \sqrt{10 \times 4000} = 200$〔m/s〕

(3) 200〔m/s〕$\times 60 \times 60 \div 1000 = 720$〔km/h〕

(4) $17000 \div 720 = 23.6$　より，約24時間後

4 地震・火山のしくみと災害(2) 〈p.98〉

ポイントチェック

(1) 火山ガス　　(2) 火砕流　　(3) 液状化現象　　(4) 余震

(5) 洪水，土石流，地すべりなど　　(6) 短い　　(7) ハザードマップ

(8) 減災　　(9) 石灰岩　　(10) 地熱発電　　(11) ジオパーク

E X E R C I S E

1. ⑦ 火山灰　　④ 火山ガス　　⑨ 火砕流

2. ④

▶解説◀ ①正しい。津波は，入り江の奥に行くほど高くなり，大きな被害をもたらすことが知られている。これは，入り江の奥ほど水深が浅く，海面の幅が狭くなるからである。ただし，直線状の海岸でも津波が被害を及ぼすことがある。②正しい。海溝型の巨大地震は太平洋側で起こるので，過去にも大きな津波がたびたび押し寄せているが，日本海側でも海に近い

場所で地震が起きることはあり，当然津波も発生する。③正しい。1960年のチリ地震で発生した津波は17000 km離れた日本に，およそ1日かけて到達するなど，環太平洋の広い範囲に被害を及ぼした。④誤り。台風などの風によって直接生じた波は風浪とよばれる。

3. ②

▶解説◀　液状化現象とは，地震動によって地盤を形成している砂粒子が水中に浮遊し，液状になる現象である。地震動がおさまると，砂粒子はもとの状態よりも隙間の少ない状態で再堆積するため，地盤沈下や地下水の噴出などが起こる。①誤り。都市部で液状化が起こると被害は大きくなるが，都市部以外でも液状化現象は起こる。②正しい。一般的に，標高の低い場所ほど地下水位は高く（地下水が地表近くに存在），液状化が起こりやすい。とりわけ，臨海地域の埋め立て地などは，液状化が非常に起こりやすい。③誤り。液状化が起こるためにはある程度の震度が必要であるが，マグニチュードとの明確な関係はない。④誤り。液状化は，岩盤が砂を主体としている方が起こりやすいことは確かであるが，泥質の地盤でも液状化が起こることがある。

4. ②，③

▶解説◀　①誤り。火山灰層は水の透過性が高く，保水力が低いため水稲には不向き。栄養分も少なく，農作物は限られる。②正しい。火山地帯では深さに伴う温度上昇の割合が大きく，地球内部からの熱の流れが大きい。このような場所では地熱発電が有効である。③正しい。火山地形は独特の景観をつくり出す。国立公園に指定されているものも多い。④誤り。石油は生物の遺骸が埋没し，長い時間をかけて変化してできる。不透水層に挟まれた地層や岩体に貯留し，採掘される。火山灰の分布とは無関係である。

5. ②

▶解説◀　①誤り。地形図上に地層の分布を示したものは地質図である。②正しい。ハザードマップの作成にあたっては，地形や地質の分布だけでなく，過去に起こった災害のデータも重要である。③誤り。火砕流などの火山災害についてのデータもハザードマップには盛り込まれている。④誤り。地盤沈下の原因は人為的なものや自然現象によるものなどさまざまであるが，ハザードマップからその沈下速度を見積もることはできない。

中央海嶺上に位置するアイスランドでの地熱発電は歴史が古く，全体の約20％を地熱発電でまかなっている。

節 末 問 題　　　　　　　　　　〈p.100〉

1. (1)　(a)　扇状地　　(b)　V字谷　　(c)　三角州
　　(2)　b→a→c　(3)　b　(4)　a　(5)　c
　　(6)　河川の勾配が急である。分布する岩石がかたい。

▶解説◀　(4)　aは扇状地。砂礫質堆積物からなり水はけがよく，ときには川は水無川となる。よって水田には不向きで，おもに果樹園として利用されている。

2. (1)　水蒸気　(2)　①

▶解説◀ (1) マグマに含まれる揮発成分は圧倒的に水蒸気が多く，その他，二酸化硫黄や二酸化炭素などが含まれる。

(2) ①誤り。大規模な噴火であれば，火山灰は偏西風などにのって地球全体に広がることもあり，地球規模での異常気象の原因となることもある。②正しい。火山ガスと溶岩が同時に噴出するのが通常の噴火活動である。③正しい。SiO_2 量の多いマグマほどガス成分の割合は高く，爆発的な噴火を引き起こす。④正しい。発泡したマグマ(つまり，火砕物と火山ガスの混合物)は流動性が高く，時には時速 100 km を超える速度で斜面を流下する。このような現象を火砕流という。火砕流は，粘性が高く揮発成分を多く含むマグマで生じることが多い。

3. (1) ㋐ 太平洋　㋑ フィリピン海
　　(2) 海溝から西側に行くほど震源の深さがだんだん深くなる。

▶解説◀ (1) 日本列島はユーラシアプレート，北アメリカプレート，太平洋プレート，フィリピン海プレートの 4 枚のプレートがせめぎ合う場所に位置している。プレートの沈み込む場所には海溝が形成されるが，海溝よりも浅く，傾斜も緩やかな地形をトラフとよんでいる。図に示されているのは南海トラフであり，現在，巨大地震の発生が最も懸念されている場所の一つである。

(2)プレートの沈みこみ帯に位置する島弧−海溝系では，沈み込むプレートの上面に沿って深発地震の震源が分布する。このため，震源の深さは，海溝から島弧側に向けてだんだん深くなる。

4. (1) ⑦　(2) ⑤　(3) ⑥　(4) ②　(5) ⑧
　　(6) ⑩　(7) ①　(8) ⑥　(9) ④　(10) ⑧

▶解説◀ (2) 1959(昭和 34)年に発生した台風 15 号(伊勢湾台風)は紀伊半島に上陸し北上した際，伊勢湾岸に高潮を発生させた。死者・行方不明者 5 千人余りと，明治以来最大の被害を出した台風となった。

(6) 埋め立て地では地下水位が高く，液状化現象が起こりやすい。東北地方太平洋沖地震の際にも，埋め立て地の浦安地域(東京ディズニーランド)で液状化現象による被害が発生した。

(8) 三陸地方は地震による津波被害をたびたび被っている。記録に残っている主なものとして，慶長三陸地震(1611 年)，明治三陸地震(1896 年)，昭和三陸地震(1933 年)，チリ地震(1960 年)，東北地方太平洋沖地震(2011 年)による津波被害があげられる。

5. (1) 1800 万 m³　(2) 60 杯分　(3) ③

▶解説◀ (1) (面積)×(降水量)で降った雨の総量が求められる。
総量を m³ で求めるために単位を m にそろえることが必要。

$30 \text{ km} = 30 \times 1000 \text{ m}, \ 20 \text{ mm} = \dfrac{20}{1000} \text{ m} = 0.02 \text{ m}$ だから

$(30 \times 1000)^2 \times \dfrac{20}{1000} = 18 \times 10^6$　よって，1800 万 m³

(2) $18 \times 10^6 \text{[m}^3/\text{時間]} \times 4 \text{[時間]} \div (120 \times 10^4) \text{[m}^3\text{]} = 60 \text{[杯分]}$

6章　これからの科学と人間生活

1　これからの科学と人間生活　〈p.102〉

ポイントチェック

(1) 共通性　　(2) 多様性　　(3) （自然界の）成り立ち

(4) 核兵器の開発と運用　　(5) 生活の便利さや経済的豊かさを求めた利用

(6) 地球環境問題　　(7) 水，土，大気など

(8) からだの中に取り入れるものが汚染されてしまうこと。
　　地球温暖化などのように環境自体を変化させてしまうこと。

(9) 自然のもつ力をいかす科学技術

(10) 光合成，水の保持，多くの生物の生活の場

EXERCISE

1. (1) 共通性：細胞からなり，DNA をもっている。
　　　　　多様性：大きさや種類が異なる。
　　 (2) 共通性：物理法則に従って動いている。
　　　　　多様性：星にはそれぞれ特徴がある。

▶解説◀　科学は共通性を明らかにし，多様性の一部を説明することができる。しかし，自然界のもつ多様性をすべて説明することはできない。

2. 海抜の低い島は海面の上昇により沈没する恐れがある。

▶解説◀　島だけでなく，海抜の低い埋立地の多くも海面上昇によって影響を受けると予測されている。

3. 大量の石油や石炭を燃やしたため，大気中の二酸化炭素が増えた。

▶解説◀　石油や石炭は太古の動物や植物の化石であり，多量の炭化水素を含む。これを燃やすことにより大量の二酸化炭素が発生する。人類は，長い時間を経て生物が変えてきた大気の組成を，きわめて短時間に変えようとしている。

4. (1) 地球全体の二酸化炭素濃度が増加し，気候や生態系が変わる。
　　 (2) 水を蓄えることができなくなり，洪水や干ばつが起こる。
　　 (3) 生活の場が失われ，多数の種が絶滅し生態系が変わる。

▶解説◀　失われた種は二度と再生しない。気候や生態系も同様である。これは科学がどれほど発展しても解決することはできないので，そうならないように対策をすることがたいせつである。

5. 自然を知る科学を進める。環境負荷の少ない科学技術を開発する。

▶解説◀　GPS による渡り鳥の調査，衛星軌道からの地球環境調査によって，今までわからなかった多くのことが明らかになった。また，ハイブリッド・カーや新しい技術によって少ない石油で長い距離を走ることができる自動車が開発された。

DNA の塩基配列がすべて解読されても，それがどのように発現するかについては，わかっていないことが多い。

太古の地球は，現在より大気中の二酸化炭素濃度が高く，平均気温も高かったことがわかっている。

年　　　組　　　番

EXERCISE

▶**1** 次の文章を読み，下の問いに答えよ。

体内に抗原が侵入すると，細胞aが抗原をとり込み，食作用によって分解する。そして，細胞aは，分解した抗原の一部を細胞表面に示す。これを受けた細胞bは，抗原に対する（　ア　）をつくるよう細胞cの増殖や分化を促す。細胞cは分裂・増殖した後，侵入した抗原に対する（　ア　）をつくり，体液中に放出する。ｨ放出された（　ア　）は抗原と特異的に結合して，マクロファージなどの食作用によって排除される。細胞bやcの一部は抗原が排除されたあとも記憶細胞として体内にしばらく残り，ｳ排除されたものと同じ抗原が再び侵入したときは，記憶細胞が強くすみやかに反応して抗原を排除する。

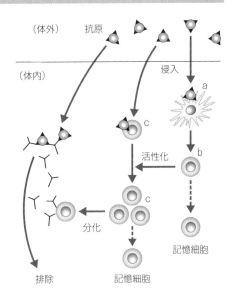

(1) 文中および図中の細胞a～cの名称をそれぞれ答えよ。

(a 　　　　　　　　　) (b 　　　　　　　　) (c 　　　　　　　)

(2) （ア）にあてはまる適語を答えよ。 (　　　　　　　　)

(3) 下線部イの反応を何というか。 (　　　　　　　　)

(4) 下線部ウのような反応を何というか。 (　　　　　　　　)

▶**2** 次の文章を読み，下の問いに答えよ。

動物の体内に病原体やウイルスなどが侵入すると，リンパ球の（　ア　）細胞が活性化され，その抗原に対応する抗体を産生して抗原を排除するが，一方で，その（　ア　）細胞の一部は（　イ　）細胞となり，長期にわたり体液中にとどまる。そして，同じ抗原が再び侵入したとき，（　イ　）細胞は1回目よりも短時間で激しい免疫反応を起こしてすみやかに抗原を排除する。このような反応を（　ウ　）という。こうした（　イ　）細胞の性質を調べるために次のような実験を行った。

あるニワトリに，これまで体内に侵入したことのない抗原Aを注射した。その6週間後，同じニワトリに抗原Aおよび抗原Bを同時に注射し，1回目と2回目の注射後の血液中の抗体量の推移を調べたところ，図のような結果が得られた。なお，抗原と抗体との結合反応はきわめて特異的であり，また，それぞれの抗原に対して特異的な抗体がつくられる。

(1) 文中の（　　　）に入る適語を答えよ。

(ア　　　　　　　) (イ　　　　　　　) (ウ　　　　　　　)

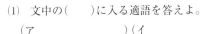

(2) 2回目の注射後，ニワトリの血液中に抗原Aと抗原Bに対する抗体の量や産生時期に大きな違いが見られた。その理由として考えられることを，「抗原」と「抗体」の語を用いて簡潔に説明せよ。

(　　　　　　　　　　　　　　　　　　　　　　　　　　　　　　　)

1 ヌクレオチド

DNAは，リン酸・糖・塩基が結合したヌクレオチドが構成単位となっている。DNAのヌクレオチドを構成する糖はデオキシリボース，塩基はアデニン(A)，チミン(T)，グアニン(G)，シトシン(C)の4種類がある。

DNAは，2本のヌクレオチド鎖で構成されており，ヌクレオチド鎖どうしは，塩基の部分で結びついている。塩基どうしはAとT，GとCでしか結合できない相補的な関係がある(**相補性**)。

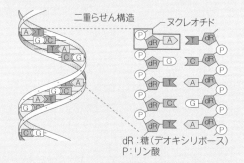

dR：糖(デオキシリボース)
P：リン酸

2 DNAとRNA

RNAはDNAと同様にヌクレオチドからなる。塩基はTのかわりにU(ウラシル)が含まれ，AとUが相補的な塩基対となる。DNAの遺伝情報からタンパク質が合成される際に重要な役割を担う。

● DNAとRNAの違い

	糖	塩基	鎖の数
DNA	デオキシリボース※	A・**T**・G・C	2本鎖
RNA	リボース	A・**U**・G・C	1本鎖

※デオキシリボースは，<u>デ</u>=脱，<u>オキシ</u>=酸素，リボースの意味。

3 転写と翻訳のしくみ

①DNAのある部分で二重らせんがほどける。
②一方の鎖の塩基と相補的なmRNAが合成される。
③mRNAの塩基配列をもとに特定のアミノ酸が並び，隣りあったアミノ酸どうしが結合し，タンパク質が合成される。このとき，塩基三つの並びで一つのアミノ酸が指定される。

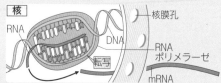

4 遺伝子の発現

遺伝子をもとにRNAやタンパク質がつくられることを**遺伝子の発現**という。

□(1) DNAを構成する基本単位を何というか。
（　　　　　　　）

□(2) (1)は糖と何が結合したものか。糖と結合している二つの物質を答えよ。
（　　　　　　　）
（　　　　　　　）

□(3) DNAを構成する4種類の塩基をすべてカタカナで答えよ。
（　　　　　）（　　　　　）
（　　　　　）（　　　　　）

□(4) DNAはどのような立体構造をしているか。
（　　　　　　　）

□(5) 塩基はAとT，GとCの組合せでしか結合できない。この関係を何というか。
（　　　　　　　）

□(6) 下図はDNAの模式図である。ア～ウに入る塩基をA，T，G，Cでそれぞれ答えよ。

（ア　　　　　）
（イ　　　　　）
（ウ　　　　　）

□(7) ヌクレオチド鎖の塩基の並びを何というか。
（　　　　　　　）

□(8) RNAに含まれ，DNAには含まれない塩基は何か。（　　　　　）

□(9) RNAを構成するヌクレオチドの糖は何か。
（　　　　　　　）

□(10) DNAの塩基ATGCに相補的なmRNAの塩基を答えよ。（　　　　　）

□(11) DNAの塩基配列をもとにmRNAが合成される過程を何というか。（　　　　　）

□(12) mRNAの塩基配列をもとにアミノ酸が並び，タンパク質が合成される過程を何というか。
（　　　　　　　）

□(13) 1種類のアミノ酸を指定するmRNAの塩基はいくつか。（　　　　　）

□(14) DNAの遺伝情報に基づいてタンパク質が合成されることを何というか。
（　　　　　　　）

EXERCISE

▶**1** 右図は DNA の構造の一部を模式的に示している。次の問いに答えよ。

(1) 図のア～エに入る塩基をそれぞれ A, T, G, C で答えよ。

                                                               (ア   )

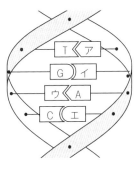

                                                                 (イ   )

                                                                   (ウ   )

                                                                  (エ   )

(2) DNA の説明として誤っているものを，次の中から一つ選べ。

① 遺伝子の本体である。   ② 糖にデオキシリボースをもつ。

③ 二重らせん構造である。   ④ 塩基に U(ウラシル)をもつ。

                                                             (   )

(3) ヌクレオチドの構成単位として正しいものを，次の中から一つ選べ。

① 塩基—リン酸—糖   ② 塩基—糖—リン酸

③ 酸素—塩基—糖   ④ 酸素—糖—塩基

                                                              (   )

▶**2** DNA と RNA にあてはまるものを，次の中からそれぞれ四つずつ選べ。

① 遺伝子の本体で二重らせん構造をとる。

② 細胞質などに存在し，タンパク質合成に関与する。

③ 染色体の成分である。   ④ A・G・C・T の塩基をもつ。

⑤ A・G・U・C の塩基をもつ。 ⑥ デオキシリボースをもつ。

⑦ リボースをもつ。   ⑧ 通常，1 本鎖である。

DNA   ,   ,   ,

RNA   ,   ,   ,

▶**3** 次の文章を読み，以下の問いに答えよ。

DNA からタンパク質が合成される過程は，まず_アDNA の二重らせんの一部がほどけ，一方の鎖の塩基配列を鋳型としてm RNA が合成される。次に_イmRNA の塩基配列に基づいてアミノ酸が並べられ，アミノ酸どうしが結合してタンパク質が合成される。

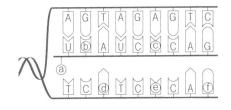

(1) 下線部ア，イの過程はそれぞれ何とよばれるか。

                  (ア   )(イ   )

(2) 下線部イについて，1 種類のアミノ酸はいくつの塩基によって指定されるか。

                                                             (   )

(3) 図は下線部アを模式的に示したものである。a に入る適語と，b ～ f に入る塩基の記号をそれぞれ答えよ。

                  (a   )

                  (b   ), (c   ), (d   ), (e   ), (f   )

❶ 次の文章を読み，下の問いに答えよ。

　ヒトが光を受容する感覚器は眼である。脊椎動物の眼は（　ア　）で光を屈折させて，（　イ　）上に像を結ぶ。（　イ　）にある視細胞には（　ウ　）と（　エ　）の2種類がある。ヒトの（　ウ　）には青・緑・（　オ　）のそれぞれの光で興奮する3種類の細胞があり，興奮する（　ウ　）の種類や割合などにより色の違いが認識される。（　ウ　）は網膜の中心部の（　カ　）とよばれる部分に特に多く分布している。視細胞に生じた興奮は，視神経細胞により大脳皮質へと伝えられる。網膜の一部には盲斑とよばれる部分があり，ここに結ばれる像は見えない。

(1)　文中の（　　）に入る適語を答えよ。

　（ア　　　　　　）（イ　　　　　　　　）（ウ　　　　　　　）
　（エ　　　　　　）（オ　　　　　　　　）（カ　　　　　　　）

(2)　明るいところから急に暗いところに入ると，しばらくものが見えないが，やがて見えるようになる。この現象を何というか。（　　　　　　　）

(3)　右図は，ヒトの網膜の一部の断面を模式的に示したものである。光はA～Dのどの方向から入ってくるか。（　　　　）

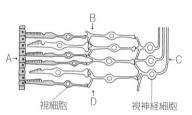

視細胞　　　　視神経細胞

❷(4)　下線部について，光が盲斑で受容されない理由を簡単に説明せよ。（

　）

❶ ⮕ p.32

(4)　視細胞が認識した光の刺激は視神経によって，脳へ伝えられる。視神経が束になって網膜の外に出る場所が盲斑である。

❷ 図は，血糖濃度の調節に関するもので，健康なあるヒトが食事を始めたときから1時間ほどたったときまでのホルモンXとY，および両ホルモンの分泌に関する物質Zの血液の濃度変化を模式的に示したものである。下の問いに答えよ。

❷(1)　図に示された範囲内で起こっているホルモンXとY，および物質Zの濃度変化に関する記述として最も適当なものを次の①～④のうちから一つ選べ。（　　　）

　① XはYの分泌を促進している。
　② ZはXの分泌を促進している。
　③ YはXの分泌を促進している。
　④ ZはYの分泌を促進している。

血液中の濃度（相対値）

食事の開始　時間経過

❷ ⮕ p.34

体のエネルギーになるグルコース（血糖）は血液によって運ばれる。血液中のグルコース濃度を血糖濃度といい，食後は一時的に高くなるが，ホルモンによって一定の値に保たれる。

(2)　図に示された範囲内での変化から考えて，ホルモンXとY，および物質Zにあてはまるものを次の①～⑤のうちから一つ選べ。

　① ヘモグロビン　　② グルカゴン　　③グリコーゲン
　④ インスリン　　⑤グルコース　　（X　　　　）（Y　　　　）（Z　　　　）

(3)　ホルモンYを分泌する器官と組織および細胞の名称を答えよ。

　　　　　　　　　　　　　　（　　　　　　　　　　　　　　　　　　）

(4) 糖尿病のヒトの中には，ホルモンＹが正常〜過剰に分泌されているタイプと，分泌が少ないタイプがある。このとき，物質Ｚの濃度は正常な人に比べてどうか。最も適当なものを，次の①〜④のうちから一つ選べ。　　　　　　　　　　　　　（　　　　　）

① ホルモンＹが正常〜過剰なタイプでは物質Ｚは正常な人より濃度が低く，不足したタイプでは物質Ｚは正常な人より濃度が高い。

② ホルモンＹが正常〜過剰なタイプでは物質Ｚは正常な人より濃度が高く，不足したタイプでは物質Ｚは正常な人より濃度が低い。

③ ホルモンＹが正常〜過剰なタイプ，不足したタイプのどちらでも，物質Ｚは正常な人より濃度は高い。

④ ホルモンＹが正常〜過剰なタイプ，不足したタイプのどちらでも，物質Ｚは正常な人より濃度は低い。

❸ 次の文章を読み，下の問いに答えよ。

タンパク質は，生体内で(a)DNA の遺伝情報に基づいて合成される。このとき，RNA は両者を橋渡しする役割を担う。DNA と RNA はともに塩基を含むが，(b)それぞれを構成する塩基の種類は一部が異なる。DNA の遺伝情報は mRNA に（　ア　）される。ｍRNA の情報にしたがって，（　イ　）とよばれる過程によって(c)タンパク質が合成される。

(1) 下線部(a)に関連して，DNA の二重らせんモデルに最も近いものを，次の①〜⑤のうちから一つ選べ。　　　　　　（　　　　　）

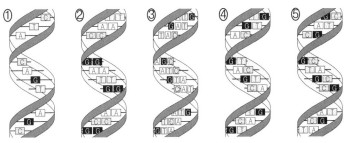

(2) 下線部(b)に関して，RNA のみに含まれる塩基の名称を答えよ。
　　　　　　　　　　　　　　　　　　　　　　（　　　　　）

(3) 文章中の（　ア　）（　イ　）に入る語として適当なものを，次の①〜③のうちから１つずつ選べ。　　　（ア　　　　）（イ　　　　）

① 複製　　② 転写　　③ 翻訳

(4) 下線部(c)に関連する記述として最も適当なものを，次の①〜④のうちから一つ選べ。　　　　　　　　　　　　（　　　　　）

① 同じ個体でも，組織や細胞の種類によって合成されるタンパク質の種類や量に違いがある。

② 食物として摂取されたタンパク質は，そのまま細胞内にとり込まれ，分解されることなく別のタンパク質の合成に使われる。

③ タンパク質はヌクレオチドが連結されてできている。

④ ｍRNA の塩基三つの並びが，一つのタンパク質を指定している。

❸ ⮕ p.38

アドバイス

DNA の糖はデオキシリボース，RNA の糖はリボースに，塩基はチミン（T）のかわりにウラシル（U）になる。

3章　生命の科学

1 いろいろな微生物と微生物の発見

1 微生物の種類

肉眼では観察できない微小な生物を**微生物**という。

微生物の多くは，**細菌類・原生生物・菌類**のいずれかに属す。

細菌…直径1 μmくらいの無核の単細胞生物。

原核生物…核・ミトコンドリア・葉緑体などの細胞小器官をもたない**原核細胞**からなる生物。細菌類。

菌類…カビやキノコの仲間。酵母が属する。

真核生物…核・ミトコンドリア・葉緑体などの細胞小器官をもつ**真核細胞**からなる生物。原生生物・菌類・植物・動物。

原生生物…真核生物のうち，菌類・植物・動物のどれにも属さないもの。ゾウリムシやアメーバなど。

ウイルス…核酸(DNAやRNA)がタンパク質でおおわれたもの。

2 体内にすむ微生物

ヒトの腸内で食物の消化を助けたり，病原菌の増殖を防いだりする細菌を**腸内細菌**という。1人あたり約1 kg，便1 gあたりで10億〜1000億個ともいわれている。

3 過酷な環境に生育する微生物

微生物の中には，海底の熱水噴出孔や，塩類濃度の高い塩田など，過酷な環境に生息しているものもある。

4 微生物の発見

人名	功績
レーウェンフック	自作の顕微鏡を用いて，水中にいる微生物や動物の精子などを観察した。
パスツール	微生物はすでに存在する微生物から発生することを解明した。また，発酵や腐敗について研究を進めた。
コッホ	結核菌を発見した。当時は結核がヒトのおもな死亡原因だった。
北里柴三郎	ペスト菌を発見した。
志賀潔	赤痢菌を発見した。
フレミング	アオカビからペニシリンを発見した。

パスツールの実験

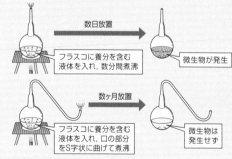

低温殺菌法…55℃で数分間処理をすることによって味の変化を防ぐ方法。

□(1) 肉眼では観察できない微小な生物を総称して何というか。　　　　　　（　　　　　）

□(2) 核をもたない細胞を何というか。
　　　　　　　　　　　　　　　（　　　　　）

□(3) (2)でできている生物を何というか。
　　　　　　　　　　　　　　　（　　　　　）

□(4) 核をもつ細胞を何というか。
　　　　　　　　　　　　　　　（　　　　　）

□(5) (4)でできている生物を何というか。
　　　　　　　　　　　　　　　（　　　　　）

□(6) (5)のうち，菌類，植物，動物のどれにも属さない，ゾウリムシやアメーバなどを何というか。
　　　　　　　　　　　　　　　（　　　　　）

□(7) タンパク質のさやと，その内部の核酸からなる微小な構造体を何というか。（　　　　　）

□(8) カビやキノコの仲間を何類というか。
　　　　　　　　　　　　　　　（　　　　　）

□(9) ヒトの腸内にいる細菌を何というか。
　　　　　　　　　　　　　　　（　　　　　）

□(10) 精子を発見したのはだれか。
　　　　　　　　　　　　　　　（　　　　　）

□(11) 19世紀のフランスで，ワインの醸造業者からの依頼で発酵や腐敗の研究を始めたのはだれか。
　　　　　　　　　　　　　　　（　　　　　）

□(12) ワインが酸っぱくなるなど，味が変わる原因は何のはたらきによるか。（　　　　　）

□(13) おおよそ55℃で数分間処理をして，味の変化を防ぐ方法を何というか。（　　　　　）

□(14) 結核菌を発見したのはだれか。
　　　　　　　　　　　　　　　（　　　　　）

□(15) ペスト菌を発見したのはだれか。
　　　　　　　　　　　　　　　（　　　　　）

□(16) 赤痢菌を発見したのはだれか。
　　　　　　　　　　　　　　　（　　　　　）

□(17) ペニシリンを発見したのはだれか。
　　　　　　　　　　　　　　　（　　　　　）

E X E R C I S E

▶**1** 次にあげる微生物を，大きいものから順に並べよ。

① 大腸菌(細菌) ② ゾウリムシ(原生生物)

③ インフルエンザウイルス ④ ミドリムシ(原生生物)

( )＞( )＞( )＞( )

▶**2** ウイルスに関する記述として最も適当なものを，次の①～④から一つ選べ。

① ウイルスは小さな病原体なので，免疫機構では排除できない。

② ウイルスは生きている細胞に侵入して，増殖する。

③ ウイルスは大きさが細菌とほぼ同じなので，細菌を除去するフィルターによって除去できる。

④ ウイルスは光学顕微鏡で観察できる。

( )

▶**3** 微生物に関する次の問いに答えよ。

19世紀中頃にパスツールは，(ア)。さらに，発酵が微生物のはたらきによることを明らかにした。19世紀後半にコッホは，感染症が病原微生物によって引き起こされることを明らかにし，細菌学の父とよばれている。(イ)は，ペスト菌や破傷風菌を発見した。フレミングは，微生物がつくりだす抗生物質を発見した。

(1) 上の文章中の(ア)に入る記述はどれか。最も適当なものを，次の①～④から一つ選べ。

① 微生物を自作の顕微鏡で初めて観察した。

② ハエがウジからしか生まれないことを示した。

③ 種痘を初めて行い，天然痘を予防した。

④ 微生物が自然発生しないことを明らかにした。 ( )

(2) 上の文中の(イ)はだれか。次の①～④から選べ。

① 北里柴三郎 ② 志賀潔 ③ 鈴木梅太郎 ④ 高峰譲吉 ( )

(3) 下線部について，発見した抗生物質は何か。また，どんな微生物から発見したか。

抗生物質( ) 微生物( )

(4) 次の①～③の記述のうち，微生物の観察方法として最も適当なものはどれか。

① 微生物の細胞の形状は，顕微鏡を用いるより肉眼の方が観察しやすい。

② 肉汁培地に微生物を加えたあと，煮沸し，栓をして培養してから観察する。

③ 滅菌した寒天培地に微生物をぬりつけたあと，培養して，集落(コロニー)を観察する。 ( )

▶**4** 右図は，パスツールが白鳥の首フラスコとよばれる口の部分をS字状に曲げた管を使って，微生物の性質を調べた実験である。次の問いに答えよ。

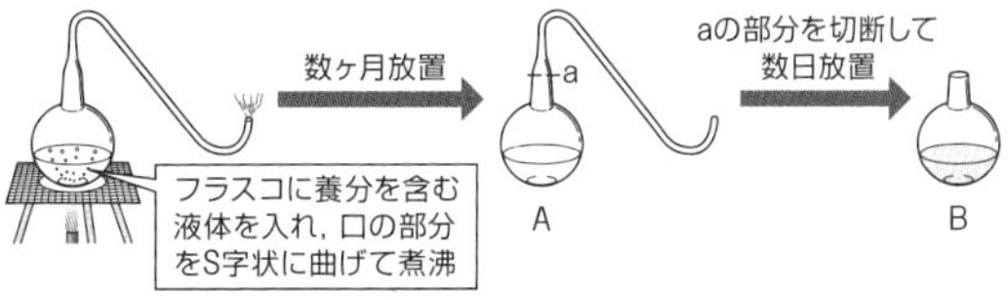

(1) 微生物が発生するのは，AとBのどちらか。

( )

?(2) パスツールが口の部分をS字状に曲げたフラスコを用いた理由は何か。

( )

2 微生物の利用(1)

1 発酵と腐敗

発酵…微生物が，酸素を利用しないで糖などの有機化合物を分解してエネルギーを得る現象で，日常生活では，有用な分解産物が生成される場合をさす。

腐敗…微生物が，おもに酸素を利用しないで，タンパク質などの有機窒素化合物を分解してエネルギーを得る現象で，有害な物質が生成される場合をさす。

発酵食品と微生物

(例)みりんは酵母とカビのはたらきを利用している。

2 食品の保存方法

冷蔵庫・冷凍庫…化学反応を遅くしたり止めたりする。
砂糖漬け・塩漬け・乾燥…水分をなくす。
脱酸素剤…微生物が呼吸をできないようにする。
缶詰・真空パック…微生物を殺したあと，空気中の微生物が入り込まないように密封する。

3 呼吸と発酵

呼吸…生物が酸素を利用して糖などの有機化合物を分解してエネルギーを得る現象。

グルコース ＋ 酸素
$(C_6H_{12}O_6)$　(O_2)

　　　　→ 二酸化炭素 ＋ 水 ＋ エネルギー
　　　　　　 (CO_2)　　 (H_2O)

アルコール発酵…酵母や細菌などが，グルコースなどの糖を分解して，エタノールと二酸化炭素を生成して，エネルギーを得る現象。

グルコース → エタノール ＋ 二酸化炭素
$(C_6H_{12}O_6)$　　(C_2H_5OH)　　　 (CO_2)
　　　　　　　　　　　　　　　＋ エネルギー

乳酸発酵…乳酸菌などの微生物が，糖を分解して乳酸を生成してエネルギーを得る現象。ヨーグルトが固まるのは，乳酸によって牛乳などに含まれるタンパク質が固まるため。

グルコース → 乳酸 ＋ エネルギー
$(C_6H_{12}O_6)$　 $(C_3H_6O_3)$

ダイズを用いた発酵食品

ポイントチェック

- □(1) 微生物が，酸素を利用しないで糖などの有機化合物を分解する現象を何というか。
（　　　　　　）

- □(2) 微生物が，おもに酸素を利用しないで，タンパク質などの有機窒素化合物を分解し，有害な物質が生成される現象を何というか。
（　　　　　　）

- □(3) カツオの燻製にカビをはたらかせて発酵させた食品は何か。（　　　　　　）

- □(4) ダイズに納豆菌をはたらかせて発酵させた食品は何か。（　　　　　　）

- □(5) ダイズやコムギを原料に，コウジカビや酵母，乳酸菌をはたらかせた発酵食品を二つ答えよ。
（　　　　　）（　　　　　）

- □(6) 食品の保存方法で，化学反応を遅くしたり止めたりする電化製品を二つ答えよ。
（　　　　　）（　　　　　）

- □(7) 食品の保存方法で，水分をなくす方法を三つ答えよ。
（　　　　）（　　　　）（　　　　）

- □(8) 食品の保存方法で，微生物が呼吸をできないようにするものは何か。（　　　　　　）

- □(9) 微生物を殺したあと，空気中の微生物が入り込まないように密封するものを二つ答えよ。
（　　　　　）（　　　　　）

- □(10) ビールやワインなどの醸造や，パンを膨らませる際に利用されている発酵を何というか。
（　　　　　　）

- □(11) アルコール発酵の原料は何という物質か。
（　　　　　　）

- □(12) アルコール発酵で生成する物質を二つ答えよ。
（　　　　　）（　　　　　）

- □(13) 乳酸菌などの微生物が，糖を分解して乳酸を生成する発酵を何というか。（　　　　　）

- □(14) 乳酸発酵の原料は何という物質か。
（　　　　　　）

- □(15) 乳酸発酵で生成する物質を答えよ。
（　　　　　　）

EXERCISE

▶**1** 次にあげる食品は，下の①～⑦のどの微生物のはたらきを利用したものか。

(1) パン・ビール・ウイスキー・ワイン （　　　）

(2) 塩辛・乳酸菌飲料・チーズ・ヨーグルト・納豆 （　　　）

(3) カマンベールチーズ （　　　）

(4) しょうゆ・日本酒・みそ （　　　）

(5) 甘酒・かつおぶし （　　　）

(6) みりん・しょうちゅう （　　　）

(7) 漬け物・醸造酢・キムチ （　　　）

　① おもに酵母　　② おもにカビ　　③ おもに細菌　　④ 酵母とカビ

　⑤ カビと細菌　　⑥ 酵母と細菌　　⑦ 酵母とカビと細菌

▶**2** 次の文章を読み，下の問いに答えよ。

　日本は微生物の生育に適した自然環境にあり，多種多様な発酵食品が生産されている。古くから開発された発酵技術の一つにしょうゆの製造があげられる。微生物を利用した食品製造の目的には，食品の保存性を高めることや，本来の素材にない味や香り，あるいは成分を付与することなどがある。

蒸したダイズ 炒って砕いた コムギ	▶	もろみ	▶	熟成したもろみ	▶	生しょうゆ	▶	しょうゆ
	↑ (ア)		↑ (イ)と(ウ)		↑ しぼって固体と 液体に分ける		↑ (エ)処理	

(1) （ア）の生物は何か。 （　　　　　）

(2) 次の文のa，bに当てはまる語を入れよ。

　（ア）は，ダイズのタンパク質を（a　　　　　）に分解し，コムギのデンプンを（b　　　　　）に分解する。

(3) （イ）の生物は何か。ただし，この生物は液を酸性にするはたらきがある。 （　　　　　）

(4) （ウ）の生物は何か。ただし，この生物はアルコール発酵により，香りをつくる。 （　　　　　）

(5) （エ）はどんな処理をするか。 （　　　　　）

(6) しょうゆと同様に，ダイズやコムギを原料として，コウジカビや酵母，乳酸菌をはたらかせてつくられる発酵食品を一つ答えよ。 （　　　　　）

▶**3** 呼吸と発酵に関する次の問いに答えよ。

(1) 次の（ア）～（ウ）の化学反応において，(a)～(c)に当てはまる物質名をそれぞれ答えよ。

　（ア）乳酸発酵　　グルコース　→　(a　　　　　)　＋　エネルギー

　（イ）アルコール発酵　　グルコース　→　エタノール　＋　(b　　　　　)　＋　エネルギー

　（ウ）呼吸　　グルコース　＋　(c　　　　　)　→　二酸化炭素　＋　水　＋　エネルギー

(2) (1)の（ア）～（ウ）の反応のうち，同じ量の糖からとり出されるエネルギーが最も多いのはどれか。 （　　　　　）

(3) ヨーグルトの製造に利用されるのは，(1)の（ア）～（ウ）のどれか。 （　　　）

?(4) 次の語を用いて，ヨーグルトがどのような作用で固まるかを説明せよ。

　タンパク質　　牛乳

（

）

1 抗生物質

抗生物質…微生物によってつくられ，ほかの生物の細胞の生育や機能を阻止する物質。ペニシリンやストレプトマイシン，メチシリン，バンコマイシンなどがある。

耐性菌…抗生物質の効かない細菌。メチシリン耐性黄色ブドウ球菌に有効なバンコマイシンが発見されると，バンコマイシン耐性腸球菌が確認されるなど，耐性菌との戦いは今も続いている。

2 微生物による有用物質の生産

糖尿病…血液中のグルコース濃度が異常に高くなる病気。インスリンがつくれないことで発症する場合がある。

インスリン…血液中のグルコース濃度を下げるはたらきのあるホルモン。

遺伝子組換えによるインスリン生産

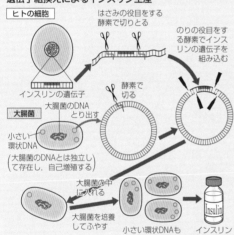

ヒトの細胞
インスリンの遺伝子
はさみの役目をする酵素で切りとる
のりの役目をする酵素でインスリンの遺伝子を組み込む
酵素で切る
大腸菌
大腸菌のDNAとり出す
小さい環状DNA
（大腸菌のDNAとは独立して存在し，自己増殖する）
大腸菌の中に入れる
大腸菌を培養してふやす
小さい環状DNAもふえる
インスリンを回収する
Insulin

3 ワクチン

予防接種…病気に対する免疫をつけるためにワクチンを投与すること。

ワクチン　弱毒化した病原体や毒素を原料とする医薬品。

抗原…細菌やウイルスなどの病原体やタンパク質などの異物。

抗体…抗原の侵入を受けた生体がその刺激でつくり出すタンパク質の総称。

抗原抗体反応…抗原と抗体の特異的な結合。

4 微生物による病気

種類	病気
細菌	赤痢，コレラ，結核，破傷風
原生生物	マラリア(マラリア病原虫)
菌類	水虫(白癬菌)
ウイルス	エイズ(HIV)，はしか，インフルエンザ，天然痘

5 食中毒

種類	病原体
毒素型	黄色ブドウ球菌，ボツリヌス菌
感染型	腸炎ビブリオ，サルモネラ，カンピロバクター，病原性大腸菌
ウイルス型	ノロウイルス，ロタウイルス

※毒素型は，加熱すると菌は死ぬが毒素は残る。

ポイントチェック

□(1) 微生物によってつくられ，ほかの生物の細胞の生育や機能を阻止する物質を何というか。
（　　　　　　）

□(2) 抗生物質の効かない細菌を何というか。
（　　　　　　）

□(3) 抗生物質が効かなくなったメチシリン耐性黄色ブドウ球菌に対して有効な抗生物質を何というか。（　　　　　　）

□(4) 血液中のグルコース濃度が異常に高くなる病気を何というか。（　　　　　　）

□(5) 血液中のグルコース濃度を下げるはたらきのあるホルモンを何というか。（　　　　　　）

□(6) 遺伝子組換え技術を用いてインスリンを生産するために利用している細菌は何か。
（　　　　　　）

□(7) 遺伝子組換え操作で，DNAを切ったり結合させたりする物質の総称は何か。（　　　　　　）

□(8) 病気に対する免疫をつけるためにワクチンを投与することを何というか。（　　　　　　）

□(9) 弱毒化した病原体や毒素を原料とする医薬品を何というか。（　　　　　　）

□(10) 細菌やウイルスなどの病原体やタンパク質などの異物を総称して何というか。
（　　　　　　）

□(11) 体外から侵入した抗原と結合してからだを守るタンパク質を何というか。（　　　　　　）

□(12) 抗原と抗体の特異的な反応を何というか。
（　　　　　　）

□(13) 原生生物が原因となる病気を一つ答えよ。
（　　　　　　）

EXERCISE

▶**1** 遺伝子組換えでインスリンを合成する方法について，次の①〜⑤を正しい手順になるように並べ替えよ。 （　　　）→（　　　）→（　　　）→（　　　）→（　　　）

① インスリンの遺伝子を組み込んだ環状 DNA を大腸菌に入れる。

② 大腸菌を培養してふやすと小さい環状 DNA もふえ，インスリンを生成する。

③ インスリンを回収(抽出・精製)する。

④ のりの役目をする酵素でヒトのインスリンの遺伝子を環状 DNA に組み込む。

⑤ ヒトのインスリンの遺伝子を，はさみの役目をする酵素で切りとるのと同時に，大腸菌の環状 DNA をとり出し，同じ酵素で切断する。

▶**2** 次の文章の(ア)〜(ウ)に当てはまる語を，下の①〜④から選べ。

　ヒトは種々の生物に囲まれて生活している。その中には，ヒトの健康を害する生物も含まれる。例えば，腸チフスや赤痢などの病気は(ア　　　)によって，はしかや天然痘などの病気は(イ　　　)によって引き起こされる。食物を介して人体に入り，食中毒の原因となるものもある。このほか，水虫のように(ウ　　　)が原因になる病気もある。

① ウイルス　　② 細菌　　③ カビ　　④ ダニ

▶**3** 感染症は，おもな感染経路を断つことにより，予防できる可能性がある。次の病原体による病気の予防法として最も適当なものを，下の①〜⑥からそれぞれ一つずつ選べ。

インフルエンザ(　　　)　　破傷風(　　　)　　肝ジストマ症(　　　)

① マスクをする。

② 蚊の発生を防ぐ。

③ 負傷したらすぐに消毒する。

④ ネズミを駆除する。

⑤ 生水を飲まない。

⑥ 淡水魚を生で食べない。

▶**4** 食中毒に関する記述として最も適当なものを，次の①〜⑦から一つ選べ。 （　　　）

① 新鮮な食品だけ食べていれば，細菌が原因となる食中毒になることはない。

② 魚介類，豚肉による食中毒は，原因となる細菌も感染経路も同じである。

③ 調理器具に付着している菌が多量でなければ，食中毒の原因となることはない。

④ 加熱によって調理器具や食品中の菌を死滅させても，食中毒が起こることがある。

⑤ 大腸菌はヒトの腸内にも存在するので，食中毒の原因になることはない。

⑥ 真空パック処理をすれば病原菌が呼吸できなくなるので，食中毒は起きない。

⑦ 食中毒の原因はおもに細菌であり，ウイルスが原因となることはまれである。

4 微生物の役割

1 微生物と水の浄化

自浄作用…川・海・大気などに入った汚濁物質が，沈殿・吸着や微生物による分解などの自然的方法で浄化されること。

下水処理場

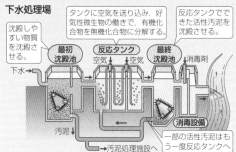

タンクに空気を送り込み，好気性微生物の働きで，有機化合物を無機化合物に分解する。

反応タンクでできた活性汚泥を沈殿させる。

沈殿しやすい物質を沈殿させる。

最初沈殿池　反応タンク　最終沈殿池　消毒剤

下水→　空気　空気　消毒設備

汚泥　→汚泥処理施設へ　一部の活性汚泥はもう一度反応タンクへ

活性汚泥…下水や排水中に生じる細菌などの微生物からなる汚泥で，有機化合物や無機化合物を摂取して分解する能力をもつので，たんなる汚泥ではなく，活性をつける。

2 自然界における微生物の役割 📖 p.30 **2 3**

生態系…ある地域に生活する生物と，それを取りまく光や温度などの非生物的環境を含めた全体のシステム。

生産者…植物のように，自ら無機化合物から有機化合物をつくる生物。

消費者…動物などのように，生産者のつくった有機化合物を直接，間接に利用する生物。

分解者…生態系の中で，有機化合物を無機化合物に分解するもの。(消費者の一部)

炭素循環

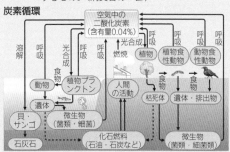

窒素循環

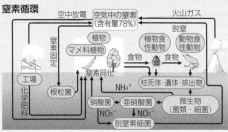

窒素固定…生物が空気中の遊離窒素をとり込んで，窒素化合物をつくる現象。

脱窒…生物が窒素化合物を分子状窒素として大気中へ放散させる作用。

共生…種類の違った生物どうしが，物質のやりとりや行動などで密接な結びつきを保って生活すること。

根粒菌…植物と共生して根粒をつくる細菌。窒素固定をする能力があり，植物に無機窒素化合物を提供する。

菌根菌…植物と共生して菌根をつくる菌類。植物に水や窒素化合物・リン化合物を提供する。

ポイントチェック

☐⑴　汚れた水が川に流れ込んでも，川底にすむ微生物のはたらきできれいになる。この現象を何というか。　　　　　　　　　　（　　　　　）

☐⑵　下水処理場で使われている，微生物が活動する汚泥を何というか。　（　　　　　）

☐⑶　ある地域に生活する生物とそれを取りまく光や温度などの非生物的な環境を含めて何というか。　　　　　　　　　　　（　　　　　）

☐⑷　生態系において，植物のように自ら無機化合物から有機化合物をつくる生物を何というか。　　　　　　　　　　　（　　　　　）

☐⑸　生産者のつくった有機化合物を利用する生物を何というか。　（　　　　　）

☐⑹　分解者がつくった無機化合物を利用する生物は何か。　（　　　　　）

☐⑺　糖類（炭水化物）の構成元素を三つ答えよ。
（　　　）（　　　）（　　　）

☐⑻　植物は，糖類を生成するとき，原料として大気中から何をとり込むか。　（　　　　　）

☐⑼　生体内で糖類中の炭素が再び二酸化炭素になるときの反応を何というか。　（　　　　　）

☐⑽　生物体を構成する物質で，水の次に多い重要な成分は何か。　（　　　　　）

☐⑾　生物が空気中の遊離窒素をとり込んで，窒素化合物をつくる現象を何というか。
（　　　　　）

☐⑿　窒素化合物を分子状窒素として大気中へ放散させる作用を何というか。　（　　　　　）

☐⒀　マメ科植物の根に共生し，窒素固定が可能な細菌を何というか。　（　　　　　）

☐⒁　植物と菌類が共生してできた構造を何というか。　　　　　　　　　　（　　　　　）

EXERCISE

▶**1** 次にあげる下水処理場での手順を正しい順序に並べ替えよ。

① 一部の活性汚泥はもう一度反応タンクへ戻す。

② 沈殿しやすい物質を沈殿させる。

③ 反応タンクでできた活性汚泥を沈殿させる。

④ タンクに空気を送り込み，好気性微生物のはたらきで，有機化合物を無機化合物に分解する。

( ) → ( ) → ( ) → ( )

▶**2** 次の文章の(ア)〜(エ)に当てはまる語を，下の①〜④から選べ。

ある地域に生活する生物とそれを取りまく光や温度などの非生物的な環境を含めて(ア   )という。(ア)には，植物のように，自ら無機化合物から有機化合物をつくる(イ   )と，動物などのように，(イ)のつくった有機化合物を直接，間接に利用する(ウ   )がいる。こうして有機化合物は最終的に無機化合物まで分解され，その過程に関わる生物は(エ   )ととらえることもできる。

① 分解者   ② 生産者   ③ 消費者   ④ 生態系

▶**3** 右図は，生態系におけるある物質の循環のようすを模式的に表したものである。この物質は矢印の方向へ移動する。

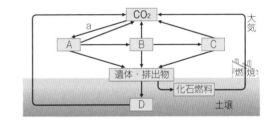

(1) これはどのような物質の循環のようすを表したものか。次の①〜⑤から一つ選べ。 ( )

① 炭素   ② 水素   ③ 窒素   ④ 酸素
⑤ 硫黄

(2) 図中のDにはどのような生物が該当するか。最も適当なものを，次の①〜④から一つ選べ。

( )

① 植物食性動物   ② 動物食性動物   ③ 緑色植物   ④ 菌類・細菌

(3) 図中の矢印aはどのような現象を示しているか。最も適当なものを，次の①〜⑤から一つ選べ。

( )

① 光合成   ② 呼吸   ③ 捕食   ④ 排出   ⑤ 消化作用

▶**4** 右図を見て，次の問いに答えよ。

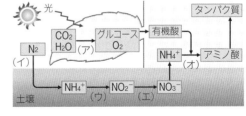

(1) 図中の(ア)の反応は，光を利用してグルコースを合成するはたらきである。何という作用か。下の①〜③から選べ。 ( )

(2) 図中の(イ)の反応を何というか。下の①〜③から選べ。 ( )

(3) (イ)の反応を行う微生物は，マメ科植物の根に共生しているが，何というか。下の④〜⑧から選べ。

( )

(4) 図中の(ウ)および(エ)の細菌を何というか。下の④〜⑧から選べ。 ウ( ) エ( )

(5) 図中の(オ)の反応を一般に何というか。下の①〜③から選べ。 ( )

① 光合成   ② 窒素固定   ③ 窒素同化

④ 脱窒素細菌   ⑤ 硝酸菌   ⑥ 亜硝酸菌   ⑦ 根粒菌   ⑧ 菌根菌

❶ 微生物に関する記述として**誤っているもの**を，次の①〜⑤から一つ選べ。
（　　　）

① 細菌ははっきりとした核をもたない。
② 無酸素状態でも増殖ができるものもいる。
③ ウイルスは生きている細胞に侵入して，増殖する。
④ 菌類は細菌に分類される。
⑤ ウイルスは細菌より小さい。

❷ ウイルスに関する記述として正しいものを，次の①〜⑥から二つ選べ。
（　　　）（　　　）

① 腸の中のウイルスが，ある種のビタミンをつくる。
② ある種のウイルスは，抗生物質を産出する。
③ はしかは，ワクチンを接種することで予防できる。
④ エイズのウイルスは，免疫に関係する細胞を破壊する。
⑤ インフルエンザウイルスは，アカイエカによって媒介される。
⑥ コレラを起こすウイルスは，消化器系の細胞を破壊する。

❸ 微生物利用に関する記述として**誤っているもの**を，次の①〜⑧から二つ選べ。
（　　　）（　　　）

① コウジカビは，デンプンをグルコース（ブドウ糖）に糖化できる。
② 酵母は，グルコースを発酵させて酢酸とアンモニアをつくる。
③ 酢酸菌は，エタノールを酸化して酢酸に変える。
④ 活性汚泥法では，微生物を利用して下水を浄化している。
⑤ 納豆の製造では，クロレラの核酸発酵を利用している。
⑥ しょうゆの製造には，カビ，細菌，酵母が関わっている。
⑦ ヨーグルトは，牛乳中の糖が乳酸菌により乳酸になることを利用した食品である。
⑧ かつおぶしは，カビを利用して保存性をあげ，風味を高めた食品である。

❹ 食物の腐敗防止の説明として適当なものを，次の①〜⑥から二つ選べ。
（　　　）（　　　）

① 砂糖漬けや塩漬けは，砂糖や塩の殺菌作用を利用している。
② 食品を常温で保存するには，食品を密封容器ごと加熱滅菌して開封しなければよい。
③ 野菜，果物，魚肉類などの乾燥品は，水分と塩分濃度を減少させることによって微生物の生育を防ぐことができる。
④ いったん発酵させた食物は，常温でも腐敗しない。
⑤ 真空パック食品の袋がふくらんでいるときは，滅菌処理が不完全なため，中で好気性菌が繁殖している。
⑥ 酢酸には，細菌の生育をおさえる効果がある。

アドバイス

❶ ⊃ p.42
細菌は，原核生物であり，核をもたない。
酵母は，酸素がない環境では発酵を行う。
ウイルスは，DNAとタンパク質のみからできており，生きた細胞の中でのみ増殖する。
カビやキノコの仲間を菌類という。

❷ ⊃ p.46
病原体がウイルスの場合，ワクチンをつくれる可能性がある。

❸ ⊃ p.44
酵母は，グルコースを分解して，二酸化炭素とエタノールを生成する。
納豆をつくるのは納豆菌の作用である。
しょうゆは，カビ，細菌，酵母を利用して製造されている。
ヨーグルトは，乳酸菌によってつくられる。
かつおぶしは，カビによってつくられる。

❺ 次の文章を読んで，下の問いに答えよ。

　河川や湖沼では，微生物が有機化合物を利用して増殖する過程で，有機化合物は分解され，ア無機化合物が生じる。

　私たちは，河川や湖沼をきれいに保つために，この微生物のはたらきを利用している。イ活性汚泥法を用いた排水処理場がその例である。

(1) 下線部アの無機化合物に**当てはまらないもの**はどれか。次の①～⑥から一つ選べ。　　　　　　　　　　　　　　　　（　　　　）

① 二酸化炭素　　② 硝酸塩　　③ 硫酸塩　　④ リン酸塩

⑤ 窒素ガス　　　⑥ アミノ酸

(2) 下線部イの活性汚泥とはどういう状態のものか。正しいものを次の①～④から一つ選べ。　　　　　　　　　　　　　（　　　　）

① 細菌や原生生物などが有機化合物とともにかたまりとなっている状態。

② 細菌や原生生物などが1個体ずつ浮いている状態。

③ 細菌や原生生物などが粘土に付着してかたまりとなっている状態。

④ 細菌や原生生物などがヘドロとなって底に沈んでいる状態。

❓(3) 微生物による排水処理にはいくつかの問題があるが，そのことについて**適当でないもの**を次の①～④から一つ選べ。　（　　　　）

① 処理する排水の有機化合物濃度が低いと，処理の効率が悪い。

② 処理する排水に有毒な成分が入っていると，微生物の活動が妨げられる。

③ 微生物は常に有害物質を発生するので，その除去装置が必要である。

④ 微生物の活動は温度に影響されるので，寒冷地の野外処理は効率が悪い。

❓(4) 微生物の処理では，有機化合物の減少を目的とする以外に，処理による生成物を積極的に利用することが望ましい。その例として適当なものを次の①～⑤から二つ選べ。　（　　　　）（　　　　）

① 処理後に生成した微生物やその遺体が多く含まれる汚泥を，空気に触れない条件で発酵させて，生じたガスを燃料に使う。

② 処理した排水をすぐに放流せず，広い池に蓄えて水生植物や魚を生産する。

③ 生ゴミを乾燥粉末にしてから，廃プラスチックと混ぜて発酵分解させ，建築材料とする。

④ 処理の際に生成した酸素ガスを再び処理装置に吹き込んで，有機化合物の分解を促進させる。

⑤ 処理中に増殖した微生物を焼却して，発生したオゾンで悪臭物質を分解する。

アドバイス

❺➲ p.48
活性汚泥は，下水や排水中に生じる細菌などの微生物からなる汚泥で，有機化合物や無機化合物を摂取して分解する能力をもつので，たんなる汚泥ではなく，活性をつける。

3章　生命の科学

物理分野の入門（1）　いろいろなエネルギー

1　熱の伝わり方

伝導		熱が高温側から低温側へ移動すること。物体中を伝わる。
対流		温度のちがいによって流体が循環すること。全体に熱が伝わる。
放射		熱が空間を伝わって，離れている物体に直接移ること。

2　力とその表し方

▶力の三つの要素

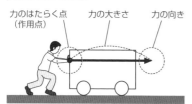

力のはたらく点（作用点）　力の大きさ　力の向き

3　仕事

力の大きさ〔N〕と力の向きに動いた距離〔m〕の積で表す。（単位はジュール〔J〕）

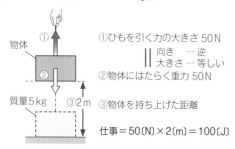

物体

質量5kg

①ひもを引く力の大きさ50N

‖　向き　…逆
　　大きさ…等しい

②物体にはたらく重力50N

③物体を持ち上げた距離

③2m

仕事＝50〔N〕×2〔m〕＝100〔J〕

※100gの物体にはたらく重力の大きさを1Nと考える。

4　エネルギー

ほかの物体に仕事をする能力。（単位はジュール〔J〕）

5　運動エネルギー

運動している物体がもっているエネルギー。物体の質量が大きく，速さがはやいほど大きい。

6　位置エネルギー

高いところにある物体がもっているエネルギー。物体の質量が大きく，高さが高いほど大きい。

7　力学的エネルギー

物体のもっている運動エネルギーと位置エネルギーの和。

8　力学的エネルギー保存の法則

摩擦や抵抗などがはたらかない場合，力学的エネルギーは常に一定に保たれている。

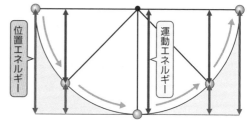

位置エネルギー　運動エネルギー

※上図では摩擦や空気抵抗を考えない。

9　エネルギー保存の法則

エネルギーはさまざまなすがたに移り変わるが，その総量は変化しない。

[いろいろなエネルギーの変換]

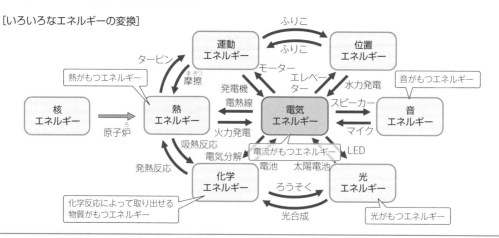

ふりこ

運動エネルギー

タービン

摩擦

ふりこ

モーター

エレベーター

位置エネルギー

水力発電

熱がもつエネルギー

音がもつエネルギー

核エネルギー

原子炉

熱エネルギー

発電機

電熱線

火力発電

電気エネルギー

スピーカー

マイク

音エネルギー

吸熱反応

電気分解

電流がもつエネルギー

LED

発熱反応

電池

太陽電池

化学エネルギー

ろうそく

光エネルギー

化学反応によって取り出せる物質がもつエネルギー

光合成

光がもつエネルギー

☑ **基礎チェック**

□(1) 力の表し方について，右図の（　　　）を埋めよ。

　　ア（　　　　　　）　イ（　　　　　　）　ウ（　　　　　　）

□(2) 仕事〔J〕＝力の（　　　　）〔N〕×動いた（　　　　）〔m〕

　　で表す。

□(3) 5 kgの物体を4 m持ち上げるときに必要な仕事はいくらか。ただし，100 gの物体にはたらく重力の大きさを1 Nと考える。　　　　　　　　　　（　　　　　　）〔J〕

矢印の始点（物体との接点）＝（ア）のはたらく点（作用点）

矢印の長さ＝力の（イ）

矢印の向き＝力の（ウ）

□(4) 物体がもつ運動エネルギーと位置エネルギーの和を（　　　　　　　　　）という。また，その大きさが一定に保たれることを（　　　　　　　　　　）の法則という。

□(5) エネルギーはさまざまなすがたに変換されるが，エネルギーの総量は変化しない。このことを（　　　　　　　　　　　）の法則という。

1 熱の伝わり方には伝導，対流，放射がある。次の(1)～(3)の熱の伝わり方を答えよ。

(1) 太陽の熱によって地球の表面が温められる。　　　　　　　　　　【　　　　　】

(2) なべに水を入れて加熱すると，水全体が温まる。　　　　　　　　【　　　　　】

(3) コップに温かいお茶を入れると，コップが熱くなる。　　　　　　【　　　　　】

2 右図のような斜面のA点に小球を置き，静かに手を離した。摩擦や空気抵抗は考えないものとして，次の(1)～(4)に答えよ。

(1) 小球が斜面を下る間，小球のもつ a運動エネルギー，b位置エネルギー，c力学的エネルギーはそれぞれどのように変化するか。

　　a【　　　　　　】　b【　　　　　　】　c【　　　　　　】

(2) A点とB点の力学的エネルギーの関係を答えよ。　　　　　　　　【　　　　　】

(3) 小球は斜面を上るとき，C点より高い点，C点，C点より低い点のどこまで上がるか。

　　　　　　　　　　　　　　　　　　　　　　　　　　　　　　　【　　　　　】

(4) 水平面に摩擦があるとき，A点から離した小球は斜面をC点より高い点，C点，C点より低い点のどこまで上がるか。　　　　　　　　　　　　　　　　　【　　　　　】

3 いろいろなエネルギーは，互いに変換することができる。右図はその変換のようすを表したものである。

図中の(ア)～(オ)に適する語句を答えよ。

　ア【　　　　　　】

　イ【　　　　　　】

　ウ【　　　　　　】

　エ【　　　　　　】

　オ【　　　　　　】

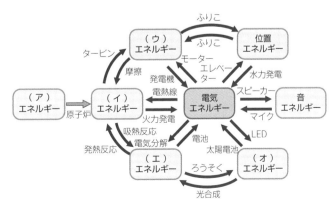

物理分野の入門

物理分野の入門(2) 光と音の性質

1 光の直進

- 光源…自ら光を出す物体。光源を出た光は四方八方に直進する。

2 光の反射

光が物体に反射するとき，**入射角と反射角が等しくなるようにはね返る。**(光の**反射の法則**)

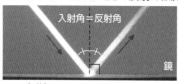

3 光の屈折

光がある物質から別の物質に斜めに進むとき，境界面で進む向きが変わる。

①光が空気中から透明　　②光が透明な物体から
な物体へ進むとき　　　　空気中へ進むとき

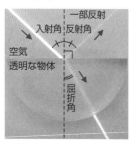
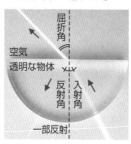

4 全反射

透明な物体から光が出るとき，入射角を大きくしていき，限界の角度より大きくなると，屈折して空気中へ出て行く光がなくなり，すべて境界面で反射する。

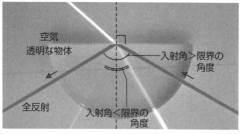

5 焦点

- **焦点**…凸レンズの軸に平行な光が，凸レンズを通ったあとに屈折して集まる点。凸レンズの両側にある。
- **焦点距離**…凸レンズの中心と焦点との距離。

6 凸レンズによってできる像

- 物体が焦点より外側にあるとき(**実像**)

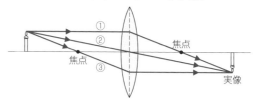

①凸レンズの軸に平行な光は焦点を通る。

②凸レンズの中心を通る光は，そのまま直進する。

③焦点を通った光は，凸レンズを通ると，軸に平行に進む。

- 物体が焦点より内側にあるとき(**虚像**)

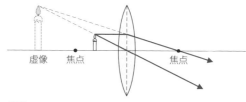

7 音

- 音を出している物体(**音源**)は**振動**している。
- 音源が振動すると，振動が**波**となって空気などの物質中を伝わっていく。
- 空気中では秒速340mと光の速さ(秒速30万km)よりずっと遅い。

8 振幅と振動数

振動の幅(振幅)で音の大きさ，**振動数(一定時間に振動する回数)で音の高さ**が決まる。

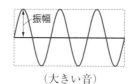

(大きい音)

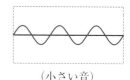

(小さい音)

※振幅が大きいほど，音は大きい。

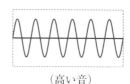

(高い音)

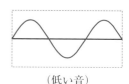

(低い音)

※振動数が大きいほど，音は高い。

確認問題

✓ 基礎チェック

- □(1)　光は「入射角 = (　　　　　　　　)」となるように反射する。
- □(2)　光がある物質から別の物質に斜めに進むとき，境界面で(　　　　　　)する。
- □(3)　凸レンズの軸に平行な光が凸レンズを通ったあとに屈折して集まる点を(　　　　　)という。
- □(4)　凸レンズを通った光が集まってできる，上下左右が逆向きの像を(　　　)という。物体が焦点より内側にあるとき，凸レンズを通して見える向きが同じで拡大された像を(　　　)という。
- □(5)　音の高さは，振動数が(　　　　　　　)いほど低くなる。

1　光の進み方を作図せよ。

(1)　鏡で反射する光

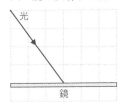

(2)　鏡で反射する光

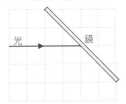

(3)　鏡Aと鏡Bで反射する光

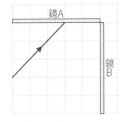

(4)　物体の先端から出る光と実像

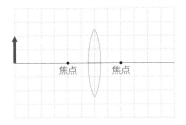

(5)　物体の先端から出る光と虚像

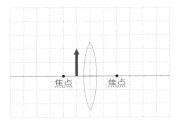

2　下図において，物体から出て鏡で反射し，目に届く光の道すじはどのようになるか。作図せよ。

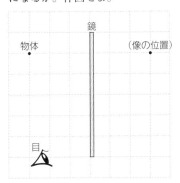

3　下図は，3種類の音 A 〜 C をオシロスコープで表したもので，縦軸は振幅，横軸は時間を表している。

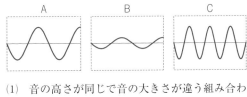

(1)　音の高さが同じで音の大きさが違う組み合わせを答えよ。

【　　　　　と　　　　　】

(2)　音の大きさが同じで音の高さが違う組み合わせを答えよ。

【　　　　　と　　　　　】

(3)　最も小さい音はどれか。

【　　　　　】

(4)　最も高い音はどれか。

【　　　　　】

1 ものの温度と熱平衡

1 温度

- **温度**…ものの温かさ,冷たさの度合いを数値で表すもの。
- **セ氏温度**…日常生活で用いられている温度目盛り。
  (単位は度〔℃〕)
- **絶対温度**…−273 ℃を基準とし,セ氏温度目盛りで刻んだ温度。絶対零度より低い温度はありえない。(単位はケルビン〔K〕)

$$T = t + 273$$

T:絶対温度〔K〕
t:セ氏温度〔℃〕

2 熱運動

- **熱運動**…物質を構成している原子や分子の乱雑な運動。温度が高いほど熱運動が激しくなる。
  (例)**温度計**は原子や分子の熱運動による物質の体積変化を利用しているものが多い。
- **ブラウン運動**…熱運動する分子が微粒子に衝突することによって生じる,微粒子の不規則な運動。

3 熱平衡

- **熱**…温度の異なる物体どうしを接触させたとき,高温の物体から低温の物体へ移動するエネルギーのこと。
- **熱平衡**…温度の異なる物体どうしを接触させておくと熱の移動が起こり,これは互いに温度が一致するまで続く。この両者の温度が一定になった状態のこと。

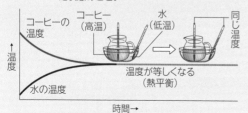

4 熱の伝わり方 📖 p.52 ❶

- **伝導(熱伝導)**…高温の物体から低温の物体へ熱が直接伝わる現象。
- **対流**…液体や気体が流動する現象。
- **放射(熱放射)**…物体が温度に応じた電磁波(赤外線)を出すことによって,熱が空間を隔てて伝わる現象。

ポイントチェック

- □(1) 1気圧における水の沸点と凝固点を基準に取り,その間を100等分した温度を何というか。
  ( )
- □(2) 37 ℃であった人間の体温を絶対温度で表せ。その際,単位も書け。 ( )
- □(3) 物質を構成する原子や分子の乱雑な運動を何というか。 ( )
- □(4) 多くの温度計は,原子や分子の熱運動による,何の変化を利用しているか。 ( )
- □(5) 空気中の分子などが不規則な運動をして煙の粒子に衝突するため,煙の粒子が微細な動きをする。この粒子の動きを何というか。
  ( )
- □(6) 高温の物体と低温の物体を接触させたときに移動するものを何というか。漢字1字で表せ。
  ( )
- □(7) (6)の状態を長時間放置しておくと,やがて二つの物体の温度が一致する。温度が一致した状態を何というか。 ( )
- □(8) なべに入れたみそ汁をコンロで加熱すると,みそ汁が上下に循環しているようすが観察される。このときの熱の伝わり方を何というか。
  ( )
- □(9) 物体から電磁波の形で熱が伝わる現象を何というか。 ( )
- □(10) 金属のスプーンの一端を加熱すると,もう一方の端に熱が伝わって熱く感じる。このときの熱の伝わり方を何というか。 ( )

EXERCISE

▶**1** 次の文章のア～キに適する言葉を入れよ。

　ものの温度は，それらを形づくるきわめて小さい非常に多くの原子や分子がさまざまな速度で乱雑に運動していることの現れである。この運動を(ア　　　　)という。

　ものの温度が(イ　　)がると(ア)は緩やかになり，やがてほとんど止まってしまう。この温度を(ウ　　　)零度といい，この現象はどの物質も同じ温度で起こる。

　ものの温度が(エ　　)がると(ア)は激しくなる。このとき，一定容積の入れ物に閉じ込めておかないかぎり，分子の運動の範囲が広がるため，その体積は(オ　　　)くなる。

　固体や液体では分子間の引力が大きいため，体積の膨張率は(カ　　　)いが，気体ではこの力がほとんどはたらかないため，膨張率は(キ　　　)くなる。

▶**2** 温度に関する次の文について，正しい場合には○，誤っている場合には×と記せ。

(1)　消防隊員が消火活動中に着ている防火服は，燃えているものから放射される電磁波から身を守る役割がある。　　　　　　　　　　　　　　　　　　　　　　　　　　　　　　　　(　　　)

(2)　固体の温度を上昇させると，やがて分子間の力を振り切り液体に変化し，さらに温度が上がると気体に変わる。　　　　　　　　　　　　　　　　　　　　　　　　　　　　　　　　　(　　　)

(3)　なべやフライパンの取っ手の部分にプラスチックや木が用いられるのは，プラスチックや木の方が鉄よりも熱放射が少ないからである。　　　　　　　　　　　　　　　　　　　　　(　　　)

(4)　海流は，赤道付近から極付近へ，熱を輸送する重要な役割をはたしている。これは，地球規模の対流である。　　　　　　　　　　　　　　　　　　　　　　　　　　　　　　　　　(　　　)

(5)　温度差1℃と温度差1Kは等しい。　　　　　　　　　　　　　　　　　　　　　(　　　)

▶**3** 絶対温度とセ氏温度について，次の問いに答えよ。

(1)　水の沸点は100℃である。絶対温度では何Kか。　　　　　　　　　　　(　　　)K

(2)　ドライアイスが気体となる昇華点は194Kである。セ氏温度では何℃か。　(　　　)℃

(3)　液体窒素の沸点は77Kである。セ氏温度では何℃か。　　　　　　　　　(　　　)℃

(4)　塩化ナトリウムの融点は801℃である。絶対温度では何Kか。　　　　　(　　　)K

▶**4** 次の文のア～キに適する数や言葉を入れよ。

(1)　20℃の室温に長時間放置されているスチール机の温度は，約(ア　　　)℃である。

(2)　熱の伝わり方には，(イ　　　　)，(ウ　　　　)，(エ　　　　)の三つの種類がある。

(3)　高温の物体と低温の物体を接触させると，高温の物体の温度は(オ　　　)り，低温の物体の温度は(カ　　　)る。やがて，二つの物体の温度が一致する。温度が一致した状態を(キ　　　　)という。

ストーブ

1 熱量
- **熱量**…温度の異なる物体間で移動する熱の量。（単位はジュール〔J〕）

2 熱容量
- **熱容量**…物体の温度を**1K上昇させる**のに必要な熱量。（単位はジュール毎ケルビン〔J/K〕）

$$Q = C(T_2 - T_1)$$

Q：熱量〔J〕
C：熱容量〔J/K〕
$T_2 - T_1$：温度変化〔K〕

3 比熱
- **比熱**…物質の温度を**単位質量あたり1K上昇させる**のに必要な熱量。（単位はジュール毎グラム毎ケルビン〔J/(g・K)〕）

$$Q = mc(T_2 - T_1)$$

Q：熱量〔J〕
m：物質の質量〔g〕
c：比熱〔J/(g・K)〕
$T_2 - T_1$：温度変化〔K〕

4 熱容量と比熱の関係

$$C = mc$$

C：熱容量〔J/K〕
m：物質の質量〔g〕
c：比熱〔J/(g・K)〕

5 熱量保存の法則
- **熱量保存の法則（熱量の保存）**
  温度の異なる物体間で熱が移動する際、外部に熱が逃げない場合は、**「高温の物体が失った熱量」と「低温の物体が得た熱量」は等しい。**

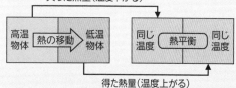

失った熱量（温度下がる）

高温物体 熱の移動 低温物体　｜　同じ温度 熱平衡 同じ温度

得た熱量（温度上がる）

6 仕事 📖 p.52 **3**
- **仕事**…物体に力を加えて力の向きに動かすこと。（単位はジュール〔J〕）

$$W = Fs$$

W：仕事の大きさ〔J〕
F：物体に加えた力の大きさ〔N〕
s：移動距離〔m〕

7 エネルギー 📖 p.52 **4**
- **エネルギー**…ほかの物体に仕事をする能力。（単位はジュール〔J〕）

8 運動エネルギー 📖 p.52 **5**
- **運動エネルギー**…運動している物体がもつエネルギー。運動をしている物体はほかの物体に仕事ができる。（単位はジュール〔J〕）

9 重力による位置エネルギー 📖 p.52 **6**
- **位置エネルギー**…高い位置にある物体がもつエネルギー。高い位置にある物体は、重力を受けて落下し、ほかの物体に仕事ができる。（単位はジュール〔J〕）

10 力学的エネルギー 📖 p.52 **7**
- **力学的エネルギー**…運動エネルギーと位置エネルギーの和。

$$E = K + U$$

E：力学的エネルギー〔J〕
K：運動エネルギー〔J〕
U：位置エネルギー〔J〕

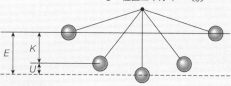

K	0	↗	最大	↘	0
U	最大	↘	0	↗	最大
E	←		一定		→

ポイントチェック

□(1) 高温の物体と低温の物体の間で移動する熱の量を何というか。　（　　　　　）

□(2) (1)の単位は何か。記号で答えよ。　（　　　　　）

□(3) 物質の温度を1gあたり1K上昇させるのに必要な熱量を何というか。　（　　　　　）

□(4) 物体の温度を1K上昇させるのに必要な熱量を何というか。　（　　　　　）

□(5) 物体に力を加えて力の向きに動かすことを何というか。　（　　　　　）

□(6) (5)の単位は何か。記号で答えよ。　（　　　　　）

□(7) 物体Aがほかの物体に仕事をする能力をもっているとき、物体Aは何をもっているというか。　（　　　　　）

□(8) 動いている物体がもつエネルギーを何というか。　（　　　　　）

□(9) 力学的エネルギーは、何と何の和であるか。
　（　　　　　）エネルギーと（　　　　　）エネルギー

EXERCISE

▶**1** 次の問いに答えよ。

⑴ 100 g の鉄球 A と 200 g の鉄球 B がある。比熱および熱容量の大小関係をそれぞれ求めよ。

比熱：A（　　　）B，熱容量：A（　　　）B

⑵ アルミニウムでできた 100 g の皿 A と 160 g の皿 B に，温かい料理を同じ量だけ分けて載せた場合，皿の温度が上がりやすいのはどちらか。 （　皿 A　・　皿 B　）

⑶ 夏に海へ行くと，砂浜の砂は日中では非常に熱いが夜間では非常に冷たいことがわかる。このことから，砂は比熱が大きい物質といえるか，それとも小さい物質といえるか。 （　　　　　　）

▶**2** 右図のように，摩擦が生じる表面の粗い床に物体を置いて，200 N の力を加えて物体をゆっくりと 10 m 移動させた。力の向きと移動の向きが逆のときは，その力がする仕事は負の値であることに注意して，次の問いに答えよ。

⑴ 加えた力がした仕事はいくらか。

（　　　　　　）

⑵ 物体は，人の加えた力から仕事をされ続けているのに，運動エネルギーはほとんど増えない。このことから，物体がされた仕事の総量，つまり，加えた力がした仕事と摩擦力がした仕事の和はいくらと考えられるか。

（　　　　　　）

⑶ ⑴と⑵を考慮すると，摩擦力がした仕事はいくらと考えられるか。

（　　　　　　）

⑷ 摩擦力の大きさはいくらか。

（　　　　　　）

▶**3** 右図のように，糸につるされた小球を点 A から静かに放したあとの運動について考える。点 O の高さを基準としたとき，小球がもつ点 A での位置エネルギーは 100 J であった。摩擦や空気抵抗はなく，小球の力学的エネルギーが変化しないとして，次の問いに答えよ。

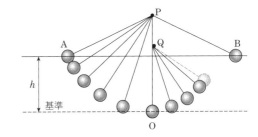

⑴ 小球が点 A から放たれた直後の力学的エネルギーはいくらか。 （　　　　　）

⑵ 小球が点 O に達したときの，位置エネルギーと運動エネルギーは，それぞれいくらか。

位置エネルギー（　　　　　），運動エネルギー（　　　　　）

⑶ 小球が点 O を通過したあと，折り返し点 B に達した瞬間の速さは 0 になることを考慮すると，点 B に達したときの位置エネルギーはいくらになるか。 （　　　　　）

⑷ 点 B の高さは，点 A の高さと比べて高いか，低いか，同じか。 （　　　　　）

⑸ 点 Q に支えを設置したとき，点 O を通過したあとの折り返し点の高さは，点 A の高さと比べて高いか，低いか，同じか。 （　　　　　）

▶**1** 90 ℃のお湯 100 g と 10 ℃の水 300 g とを混ぜて熱平衡になったとき，温度は t 〔℃〕になった。水の比熱は c 〔J/(g・K)〕であり，熱は外に逃げないものとして，次の問いに答えよ。

(1) お湯の温度は何℃下がったか。t を用いて表せ。

(　　　　　　　)

(2) お湯が失った熱量は何 J か。t と c を用いて表せ。

(　　　　　　　)

(3) 水の温度は何℃上がったか。t を用いて表せ。

(　　　　　　　)

(4) 水が得た熱量は何 J か。t と c を用いて表せ。

(　　　　　　　)

(5) t は何℃か。c を<u>用いずに</u>答えよ。

(　　　　　　　)

▶**2** 仕事に関して，次の問いに答えよ。
(1) 図1のように，物体に 20 N の力を加えて A から B へ 3.0 m 移動させた。この力がした仕事は何 J か。

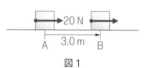
図1

(　　　　)

(2) 図2のように，物体が 20 N の摩擦力を受けて A から B へ 3.0 m 移動した。この摩擦力がした仕事は何 J か。

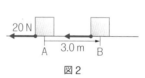
図2

(　　　　)

(3) 図3のように，物体が 20 N の垂直抗力を受けて A から B へ 3.0 m 移動した。この垂直抗力がした仕事は何 J か。

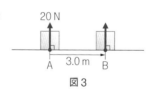
図3

(　　　　　)

▶**3** 質量 6.0 kg のボウリングの玉が 3.0 m/s の速さで転がっている。このとき，ボウリングの玉の運動エネルギーは何 J か。

(　　　　　　　)

アドバイス

▶**1**
(1), (3) 与えられた温度の関係を数直線に書いておくとミスが少なくなる。

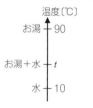

温度〔℃〕
お湯 ── 90
お湯＋水 ── t
水 ── 10

(5) 熱量保存の法則を使う。

▶**2**
(1) 物体に力 F〔N〕を加えながら力の向きに s〔m〕だけ移動させたとき，その力がした仕事の大きさ W〔J〕は，

$$W = Fs$$

(2) 力の向きと移動の向きが逆のときは，力がした仕事の値は負になる（「負の仕事」という）。

(3) 力の向きと移動の向きが垂直のときは，力は仕事をしていない。

▶**3** ^{発展}
質量 m〔kg〕，速さ v〔m/s〕で運動する物体の運動エネルギー K〔J〕は，次の式で表される。

$$K = \frac{1}{2}mv^2$$

▶**4** 右図のように，10 kg の荷物を地面から 1 m
引き上げた。次の問いに答えよ。
(1) 物体にはたらく重力の大きさは何 N か。重
力加速度の大きさを 10 m/s² として計算せよ。

( )

(2) 荷物をゆっくりと持ち上げるためには，物
体にはたらく重力とほぼ同じ大きさの力で引
き上げるとよい。このとき，荷物を引き上げ
る力がした仕事は何 J か。

( )

(3) 荷物を 1 m 引き上げたとき，荷物がもつ位置エネルギーは何 J か。た
だし，地面を位置エネルギーの基準とする。

( )

(4) (3)の状態から静かに荷物を放したところ，地面に落ちた。地面に着地
する直前における荷物の運動エネルギーは何 J か。空気抵抗などは無視
してよい。

( )

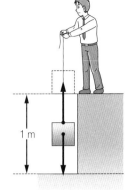

1 m

▶**5** 質量 5.0 kg のボウリングの玉が，床より 0.5 m 高い所に置いてある。
このとき，ボウリングの玉の位置エネルギーは何 J か。ただし，床の位
置を位置エネルギーの基準とし，重力加速度の大きさを 10 m/s² とする。

( )

▶**6** 質量 5.0 kg の玉を地面より 20 m 高い所から静かに落とした。重力加
速度の大きさを 10 m/s² として，次の問いに答えよ。ただし，地面を位
置エネルギーの基準とし，空気抵抗などは無視してよい。
(1) 落とす前に，玉がもつ位置エネルギーは何 J か。

( )

(2) 地面より 1.0 m 高い所を通過するときの玉の運動エネルギーは何 J か。

( )

(3) 玉が地面に着くときの速さは何 m/s か。

( )

▶**4**
(1) 質量 m〔kg〕の物体に
は mg〔N〕の重力がはたら
いており，g〔m/s²〕は重
力加速度という。
(3) 荷物を基準の位置から
ゆっくりと持ち上げたと
き，加えた力がした仕事の
分だけ，荷物には位置エネ
ルギーとして蓄えられる。
(4) 荷物の力学的エネル
ギーは変化するだろうか？

▶**5** 発展
高さ h〔m〕にある質量 m
〔kg〕の物体がもつ位置エ
ネルギー U〔J〕は，次の式
で表される。

$$U = mgh$$

▶**6**
(2) 玉の力学的エネルギー
に着目しよう。
(3) 速さは玉の質量の大小
に関係がない。

4章 光や熱の科学

3 熱と仕事およびエネルギー保存

1 いろいろなエネルギー ▶ p.52 9

- **熱エネルギー**…物体を構成する分子や原子の熱運動の
エネルギーの総和。

- **電気エネルギー**…電気がもつエネルギー。
モーターを使えば，電気を流すことによって物体に力を加えて動かす（仕事をする）ことができるので，電気はエネルギーをもっている。

- **光エネルギー**…光がもつエネルギー。
太陽電池（太陽光パネル）を使えば，光を当てることによって電気エネルギーが得られるので，光もエネルギーをもっている。

- **化学エネルギー**…化学反応によって取り出される，物質がもつエネルギー。
電池は，物質を化学反応させることによって電気エネルギーを生み出しているので，電池の中の物質もエネルギーをもっている。

- **（原子）核エネルギー**…原子核がもつエネルギー。
物質を構成する原子は原子核と電子からできている。核反応とよばれる反応によって原子核が変化する際，大量の熱エネルギーや光エネルギーが発生する。したがって，物質を構成する原子の原子核もエネルギーをもっている。

（例）

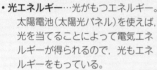

2 エネルギーの変換とエネルギー保存の法則 ▶ p.52 9

- **エネルギーの変換**…ある形態のエネルギーから別の種類のエネルギーに移り変わること。

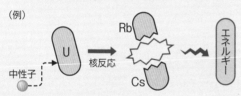

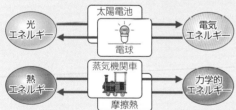

- **エネルギー保存の法則**…エネルギーはさまざまな種類に変換しても，エネルギーの総量は変化しない。

3 断熱変化

- **断熱変化**…熱の移動を伴わない変化。
- **断熱圧縮**…断熱で圧縮する変化。
- **断熱膨張**…断熱で膨張する変化。

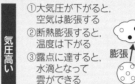

①大気圧が下がると，空気は膨張する
②断熱膨張すると，温度は下がる
③露点に達すると，水滴となって雲ができる

気圧高い → 気圧低い／地表（温度高い）／山頂（温度低い）／膨張／○水蒸気　●水滴

4 熱量と仕事の関係

ジュール（イギリス，1818〜1889）は，それまで別のものだと考えられていた熱と仕事の関係を，さまざまな実験を行って調べた。その結果から，**熱と仕事は等価**であり，**水1gの温度を1K上昇させるのに必要な熱量に相当する仕事の量は4.2J**であることを示した。

ポイントチェック

- □(1) 熱エネルギーは，物体を構成する分子や原子の何のエネルギーの総和か。　（　　　　　）

- □(2) 手回し発電機は，発電機を回す運動エネルギーを何エネルギーに変換しているか。
　　　　　　　　　　（　　　　　）エネルギー

- □(3) 電池は，何エネルギーを電気エネルギーに変換しているか。　（　　　　　）エネルギー

- □(4) 光エネルギーを電気エネルギーに変換する装置は何か。　（　　　　　）

- □(5) 太陽では，水素原子の原子核がヘリウムの原子核に変化して，大量の熱エネルギーや光エネルギーが発生している。この水素原子の原子核がもつエネルギーを何というか。　（　　　　　）エネルギー

- □(6) エネルギーは，その種類が変わっても，その総量は変化しないことを何の法則というか。
　　　　　　　　　　（　　　　　）

- □(7) 山に当たって上昇する空気の塊は，まわりの空気とほとんど熱の移動をしないで膨張していく。このような膨張の仕方を何というか。
　　　　　　　　　　（　　　　　）

- □(8) 熱と仕事は同等であることを，さまざまな実験を通して科学的に証明した人は誰か。
　　　　　　　　　　（　　　　　）

EXERCISE

▶**1** 右図のように，断熱容器に水を入れて勢いよく何度も振ると，水の温度が上昇することを確かめた。
次の文章を読んで，下の問いに答えよ。

　容器の中の水温が上昇した理由は，断熱容器を何度も力を
加えて動かすことによって，断熱容器の中の水が(ア　　　)
をされ，水の(イ　　)エネルギーが増加したからである。こ
の実験は(ア)と(ウ　　)が同等であることを示している。イ
ギリスの科学者(エ　　　　　)は，(ア)と(ウ)に関するさ
まざまな実験を行った結果，水1gの温度を1K上昇させる
のに必要な熱量に相当する仕事の量は(オ　　)Jであるこ
とを突き止めた。

(1)　上の文章のア～オに適する言葉や数を入れよ。

(2)　この実験で，20gの水が0.5℃上昇した。このとき，水が得たエネルギーは何Jか。

$$(　　　　　　　　　　　　　)$$

▶**2** 右図は，火力発電の，発電の過程におけるエネルギー変換のようすを表したものである。

(1)　火力発電に利用される石油，石炭や
天然ガスなどの燃料をまとめて何とい
うか。　　　　　(　　　　　　　)

(2)　図の[a]～[c]に当てはまるエネルギー
の種類をそれぞれ答えよ。

　　　　a(　　　)　　b(　　　)
　　　　c(　　　)

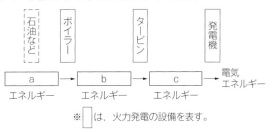

※ [　] は，火力発電の設備を表す。

(3)　次の文章のア～ウに適する言葉を入れよ。

　原子力発電は，図のボイラーのかわりに原子炉とよばれる部分で，(ア　　)燃料の(ア)エネルギーを
[b]エネルギーに変換し，その後は火力発電と原理的には同様の過程を経て電気エネルギーを生成している。
また，地熱発電では，地球内部で発生する(イ　　)エネルギーを取り出して利用するため，ボイラーを使
用する必要がない。一方，太陽電池を用いる太陽光発電は，(ウ　　)エネルギーを直接電気エネルギー
に変換しているため，火力発電や原子力発電などとはしくみがかなり異なる。

▶**3** 次の(1)～(4)は，エネルギーの変換を行う装置や現象と，変換の過程を表している。ア～カに適する
語を，語群から選んで，記号で答えよ。ただし，同じ記号を繰り返し使用してよい。

(1)　摩擦

　　(ア　　)エネルギー　→　(イ　　)エネルギー

(2)　エレベーター

　　(ウ　　)エネルギー　→　(エ　　)エネルギー

(3)　光合成

　　(オ　　)エネルギー　→　化学エネルギー

(4)　ろうそく

　　(カ　　)エネルギー　→　光エネルギー

《語群》　①化学　②熱　③電気　④核　⑤光　⑥力学的

1 可逆変化
- **可逆変化**…外部からのエネルギーを使わなくても，もとの状態に戻るような変化。
  （例）理想的な振り子の運動

2 不可逆変化
- **不可逆変化**…新たに別のエネルギーを加えないと，初めの状態に戻すことができない変化。
  （例）熱いお茶を放置したとき，お茶の熱エネルギーはまわりへ放出されて，その温度はやがて室温となるような変化。この場合，まわりの空気の熱エネルギーをうばって再び熱いお茶に戻ることはない。

3 熱機関
- **熱機関**…熱を仕事に変換する装置。
  （例）蒸気機関やガソリンエンジンは，熱を利用して仕事を連続的に取り出している。

4 熱効率
- **熱効率**…熱機関が，高温の物体から受け取った熱のうち，どれだけ仕事に変換できたかを表す割合。

熱効率を百分率〔%〕で表す場合，

$$e = \frac{W}{Q_1} \times 100$$

$$= \frac{Q_1 - Q_2}{Q_1} \times 100$$

e：熱効率
W：熱機関がした仕事〔J〕
Q_1：吸収した熱〔J〕
Q_2：放出した熱〔J〕

なお，エネルギー保存の法則より，$Q_1 = W + Q_2$ が成り立つ。

$$W = Q_1 - Q_2$$

熱機関・仕事
Q_1　W
吸収した熱　Q_2　放出した熱

5 永久機関
- **永久機関**…エネルギーを与えなくても永久に仕事をし続けるような機関（実現不可能）。

ねじ状のものを水に浸し，回転することで水が上に持ち上げられる。その水が水車の動力に使われる。

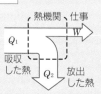

水車
スクリュー

6 ハイブリッド・カー
- **ハイブリッド・カー**…内燃機関のエンジンと電気駆動のモーターの2種の駆動装置をもった自動車。
  この車は走行状態に応じて，燃費を高めるために動力源を使い分けている。また，減速時に失う運動エネルギーを電気エネルギーに変換し，バッテリーに化学エネルギーとして蓄えて再使用している。

7 発電に伴う利点と問題点

	おもな利点	おもな問題点
火力発電	どこにでも設置できる。燃料の確保や輸送が容易。	大量の化石燃料が必要である。二酸化炭素を放出する。
水力発電	燃料を必要としない。発電時に廃棄物を出さない。	発電所をつくる際に森林などを大規模に破壊する。
原子力発電	安定して大量の電力を供給できる。	事故が起こると広範囲の環境に悪影響を及ぼす。
風力発電	発電時に廃棄物を出さない。	風速によって発電量が影響されてしまう。騒音が発生する。
太陽光発電	発電時に廃棄物を出さない。自宅でも設置可能。	天候に影響されてしまう。反射光や熱への対処が必要。
燃料電池	発電時に廃棄物を出さない。自宅でも設置可能。	設置導入にかかるコストが高い。

ポイントチェック

- □(1) 新たに別のエネルギーを加えないと，初めの状態に戻すことができない変化を何というか。
  （　　　　　　　　　）
- □(2) 自動車のエンジンのように熱を利用し，仕事を連続的に取り出している装置を何というか。
  （　　　　　　　　　）
- □(3) 高温の物体から得た熱量に対してなし得た仕事の割合を何というか。（　　　　　　　）
- □(4) ある熱機関が Q〔J〕の熱を吸収して W〔J〕の仕事をした。この熱機関の熱効率 e を百分率で表すといくらか。（　　　　　　　）
- □(5) ある熱機関が Q_1〔J〕の熱を吸収して W〔J〕の仕事をしたとき，Q_2〔J〕の熱を放出した。吸収した熱量 Q_1 を，W と Q_2 を用いて表せ。
  （　　　　　　　　　）
- □(6) エネルギーを与えなくても永久に仕事を続けるような，実現不可能な機械を何というか。
  （　　　　　　　　　）
- □(7) ガソリンエンジンと電気モーターの2種類の動力源を組み合わせて動く自動車を何というか。
  （　　　　　　　　　）

EXERCISE

▶**1** 1秒間あたりに $Q_1 = 8000$ J の熱量を高温物体から吸収して，$Q_2 = 6000$ J の熱量を低温物体に放出する熱機関がある。次の問いに答えよ。

(1) 1秒間あたりにこの熱機関がする仕事 W は何 J か。

（　　　　　）

(2) この熱機関の熱効率は何 % か。

（　　　　　）

▶**2** 「熱効率100 % の熱機関は存在しない」ことが知られている。これについて正しいことを述べているのは次の①，②のうちどちらか。記号で答えよ。

① 与えられた運動エネルギーを全部熱に変換することは不可能である。

② 与えられた熱を全部運動エネルギーに変換することは不可能である。　　　（　　　　　）

▶**3** 火力発電，水力発電，風力発電の利点と問題点について，当てはまるものを下からすべて選んで記号で答えよ。

	利点	問題点
(1) 火力発電	（　　　）	（　　　）
(2) 水力発電	（　　　）	（　　　）
(3) 風力発電	（　　　）	（　　　）

利　点：(ア) どこにでも設置できる。

(イ) 燃料の確保や輸送が比較的容易である。

(ウ) 海上にも設置でき，CO_2 を排出しない。

(エ) 発電の過程で廃棄物を出さない。

問題点：(オ) 建設する際に，森林破壊のような大規模な自然破壊を起こす。

(カ) 風速によって発電量が影響されてしまう。

(キ) 大量の二酸化炭素を排出する。

(ク) 使用する化石燃料に限りがある。

▶**4** 次の(1)〜(4)のうち，正しいものには○を，誤っているものには×を答えよ。

(1) 太陽光発電は，各家庭でも設置できるものとして，普及し始めている。　　　　（　　　　　）

(2) 風力発電は，発電時に廃棄物を出さない。　　　　　　　　　　　　　　　　（　　　　　）

(3) 水素と空気中の酸素を反応させて電気エネルギーを得る電池が燃料電池であり，現在はこの電池を用いた自動車が走行している。　　　　　　　　　　　　　　　　　　　　　　　　　　（　　　　　）

(4) ハイブリッド・カーは，環境保全に考慮した自動車であり，ガソリンなどの燃料を必要としない。

（　　　　　）

❶ 熱の遮断に関して，次の文章を読み，ア〜エに適した言葉を入れよ。

　風呂から上がったときに洗面所の鏡がくもっていることがある。これは，室温に比べて鏡の表面温度が（ア　　　）いため，鏡の付近の空気の温度も（ア）くなり，空気に含みきれなくなった（イ　　　　）が鏡に水滴として付着しているためである。このくもりをとるには，ヘアードライヤーなどで鏡の表面の広い範囲を均等に温めるとよい。ヘアードライヤーから（ウ　　　）が伝わって鏡が温まり，鏡付近の空気の温度も上昇する。その結果，含める（イ）量が多くなるため，水滴は（エ　　　）して再び（イ）になり，くもりがとれる。

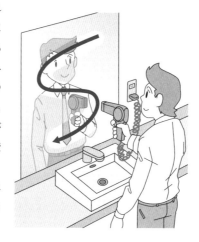

アドバイス

❶
空気が含むことのできる水蒸気の量は温度によって異なり，温かい空気ほど多くの水蒸気を含むことができる。

❷ 物の温度と熱の伝わり方について，次の問いに答えよ。

(1) 気温が25℃の空気は暖かくて心地よく感じるが，同じ25℃の水の中に入ると冷たく感じる。このことから，空気と水を比べると，どちらの方が速く熱が伝わると考えられるか。　　　　　　　（　　　　　　　）

(2) 同じ温度の木片と金属片がある。どちらに触れても熱くも冷たくも感じないことがありうるだろうか。あるとすれば，どのようなときか。
（　　　　　　　　　　　　　　　　　　　　　　　　　　　　）

❷ ⊃ p.56
(1) 人の体温は約36℃なので，25℃の物体に触れると，物体の種類（材質）に関わらず，人から物体へ熱は伝わる。しかし，物体の種類によって熱の伝わる速さが異なる。
(2) 熱の移動がない場合は，熱くも冷たくも感じない。

❸ 温度100℃に熱した質量200gの鉄製の容器がある。この中に温度10℃の水50gを入れると，しばらくして熱平衡になった。このときの温度をt〔℃〕，水の比熱を$4.2\,\mathrm{J/(g \cdot K)}$，鉄の比熱を$0.45\,\mathrm{J/(g \cdot K)}$として，次の問いに答えよ。

(1) 容器が失った熱量を，tを用いた式で表せ。

（　　　　　　　　　　　　　）

(2) 水が得た熱量を，tを用いた式で表せ。

（　　　　　　　　　　　　　）

(3) 容器が失った熱を水がすべて吸収したとすると，温度tは何℃になるか。

（　　　　　）

❸ ⊃ p.58
(1) 容器は何℃温度が下がったのだろうか。tを用いて表してみよう。
(2) 水は何℃温度が上がったのだろうか。tを用いて表してみよう。
(3) 熱量の保存より，(1)の熱量と(2)の熱量は同じである。

❹ 自動車の燃費について考えてみよう。ここでは，ガソリン 1 L が燃焼したときに発生する熱エネルギーが 40,000,000 J，空気抵抗などの摩擦力が 1,000 N であるとする。次の問いに答えよ。

(1) 熱効率 100 ％の夢のガソリンエンジンを搭載した車があったとすると，この車はガソリン 1 L あたり最大何 km 走るか。

( )

(2) 実際のガソリンエンジンの熱効率は 20 ～ 40 ％程度である。熱効率が 30 ％のガソリンエンジンを搭載した車の場合は，ガソリン 1 L あたり最大何 km 走るか。

( )

❺ 温度と熱エネルギーの移動に関して，次の文章を読んで，下の問いに答えよ。

大きな氷山とカップ 1 杯の熱いお湯を比べた場合，明らかにお湯の方が(ア   )が高い。しかし，それぞれの熱エネルギーを比較すると，(イ   )の方が圧倒的に大きい。なぜなら，熱エネルギーとは，物質を構成する(ウ   )や原子の(エ   )のエネルギーの総和であり，(イ)の方が圧倒的に(ウ)の数が多いからである。もし，氷山ではなくてある程度小さな氷のかたまりの場合は，(ウ)の数が少なくなるため，氷のかたまりとお湯のそれぞれの熱エネルギーが等しくなることが考えられ，氷のかたまりがそれよりさらに小さくなると，(オ   )の方が大きな熱エネルギーをもつことになる。

(1) ア～オに当てはまる言葉を入れよ。

(2) 下線部に関して，氷のかたまりとお湯のそれぞれの熱エネルギーが等しいときに，この二つを接触させた。このとき，熱エネルギーの移動はどうなるか。次から一つ選べ。

(氷からお湯 ・ お湯から氷 ・ 移動しない)

(3) 一般に，温度の異なる物体どうしを接触させたときに移動するエネルギーを何というか。漢字 1 字で答えよ。 ( )

(4) (3)の変化は可逆変化か，それとも不可逆変化か次より選べ。

(可逆変化 ・ 不可逆変化)

❷❻ 電子レンジは，食材を熱によって直接加熱しているわけではなく，食品の成分である水の分子に電磁波を照射し，水の分子運動を活発にさせて温度を上げている。電子レンジが食材を温めるまでに，エネルギーはどのように変換されているか。簡潔に説明せよ。

( )

アドバイス

❹ ➡ p.64

(1) 熱効率 100 ％のエンジンは，吸収した熱エネルギーをすべて仕事に変換できる。しかし，このような夢のエンジンが存在したと仮定しても，空気抵抗などが存在している限り，燃費には上限がある。

❺ ➡ p.62

(1) 熱エネルギーを増加させるには，構成する原子や分子の数を増やすか，温度を上げて原子や分子の熱運動を激しくさせるとよい。

(2) 分子 1 個あたりの熱エネルギーの値が，どれぐらい熱いかという人間の感覚（温度）に直接結びついている。

❻ ➡ p.62
3 種類のエネルギーが登場する。

4章 光や熱の科学

1 節：熱の性質とその利用 **67**

1 光の直進性と反射・屈折

1 光の直進性 📖 p.54 **1**

太陽や電球のように発光する物体を**光源**という。レーザー光線などを見てもわかるように，光は**直進**する。

2 反射の法則 📖 p.54 **2**

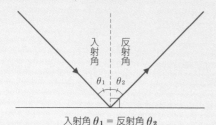

入射角 θ_1 = 反射角 θ_2

3 乱反射

紙などの表面は細かい凹凸をもっている。このため，この表面に当たった光は反射の法則に従っていろいろな向きに反射する。このような反射を**乱反射**という。

4 屈折の法則 📖 p.54 **3**

• 光が進む空気，水，ガラスなどの物質を**媒質**という。

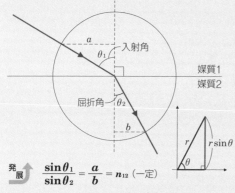

発展 $\dfrac{\sin\theta_1}{\sin\theta_2} = \dfrac{a}{b} = n_{12}$ （一定）

• n_{12} を媒質1に対する媒質2の**相対屈折率**という。
• 真空中から媒質A中へ光が入射するときの相対屈折率を，媒質Aの**(絶対)屈折率**という。

5 全反射 📖 p.54 **4**

屈折角が90°になるような入射角 i_0 を**臨界角**という。水中から空気中へ入射する場合，入射角が臨界角より大きければ，**全反射**という現象が起こる。

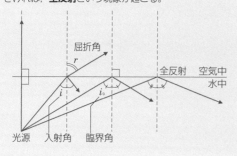

6 光の屈折とレンズ 📖 p.54 **6**

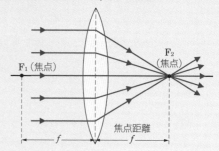

7 実像と虚像

• **実像**…光が実際に集まってつくられている像。
• **虚像**…実際に光は集まっていないが，まるでそこにあるように見える像。

ポイントチェック

☐(1) 自ら光を出す物体を何というか。
（　　　　　　　）

☐(2) 鏡を使うと自分の顔を見ることができる。このときの光の進み方は，何という法則にしたがうか。
（　　　　　　　）

☐(3) 光が空気から水へ進むとき，その境界面で光の向きが変化する。このときの光の進み方は，何という法則にしたがうか。（　　　　　　　）

☐(4) 内視鏡や光通信に利用されている光ファイバーは，光を外へ漏らさずに遠くまで伝えることができる。これは何という現象が生じているためか。
（　　　　　　　）

☐(5) 凸レンズの光軸に平行な光線が集まる点を何というか。また，レンズの中心からこの点までの距離を何というか。　　　　点（　　　　　）
距離（　　　　　）

☐(6) 光が集まってスクリーン上に映し出された像を何というか。（　　　　　　　）

☐(7) 光がレンズや鏡などで屈折や反射することで，実際には光が集まっていないが，あたかもそこから光が出ているように見える像を何というか。
（　　　　　　　）

EXERCISE

▶**1** 光の性質や現象に関して，次の問いに答えよ。

(1) 光を受けたものの陰に入ると，光源を見ることができない。このような光の性質を何というか。

(   )

(2) りんごがいろいろな角度から見えるのは，太陽光や照明の光に照らされたりんごの表面で，何という現象が生じているためか。

(   )

(3) 水の中に箸の先をつけると箸が折れ曲がったように見える。これは光の何という性質によって生じた現象か。

(   )

🧠 ▶**2** 空気から水へ光を当てると，右図のように光が屈折した。次の問いに答えよ。

(1) 入射した光の一部は反射している。反射光の経路を作図せよ。

(2) 空気に対する水の相対屈折率を求めよ。 (   )

(3) 図の状態から，入射角が大きくなるように光の入射方向を変化させると，屈折角はどのように変化するか。

(   )

(4) 図の状態から，水の中に水あめを入れると，屈折角が小さくなった。このことから，空気に対する水の屈折率は，(1)のときと比べてどのように変化したと考えられるか。

(   )

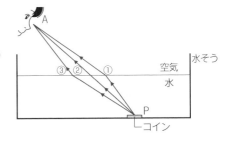

▶**3** 右図のように，水そうの中に水を入れて点Pの位置にコインを沈め，点Aの位置からコインを見た。このとき，コインは浮かび上がって見えた。次の問いに答えよ。

(1) コインから目までの光の経路として正しいものは，①〜③のどれか。 (   )

(2) コインがあるように見える位置P′を図にかけ。

(3) P′の位置に見えているコインの像は，何という像か。

(   )

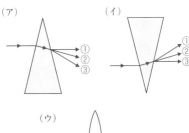

▶**4** プリズムにおける光の進み方や凸レンズの光の進み方について，次の問いに答えよ。

(1) （ア），（イ）の図のようにプリズムに入射した光は，それぞれどの方向へ出ていくか。最も適当な方向を，①〜③より一つずつ選べ。 ア(   )
イ(   )

(2) 凸レンズに入射した光は，何回屈折して凸レンズの外へ出て行くか。 (   )

(3) （ウ）の図のように，光軸に平行な光が凸レンズに入射したとき，どの方向へ出ていくか。最も適当な方向を，①〜③より一つ選べ。 (   )

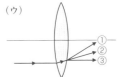

2 レンズと光のスペクトル

1 凸レンズを通る光の性質 　📖p.54 **6**
①レンズの中心を通る光は，そのまま直進する。
②光軸に平行に進む光はレンズで屈折し，反対側の焦点を通る。
③レンズの手前の焦点を通る光は，レンズで屈折し，光軸に平行に進む。

2 凸レンズによる実像 　📖p.54 **6**
物体を凸レンズの焦点の外側に置くと，倒立した実像ができる。　(例)人間の目，カメラ

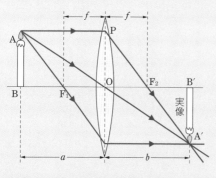

発展 → レンズの式 : $\dfrac{1}{a}+\dfrac{1}{b}=\dfrac{1}{f}$

倍率 : $\dfrac{A'B'}{AB}=\dfrac{b}{a}$

3 光の分散
・**分散**…光がいろいろな色に分かれる現象。
(例)白色光(太陽や電灯の光)をプリズムに通すと，光は赤，橙，黄，緑，青，藍，紫の7色に分かれる。

4 スペクトル
・**スペクトル**…分散によってできた光の帯。
・**連続スペクトル**…白熱電灯の光のように，連続的に分布するもの。
・**線スペクトル**…水銀灯やネオン管の光のように，輝いた線がとびとびに分布するもの。

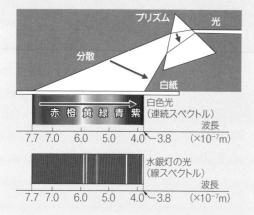

5 可視光線(可視光)
・**可視光線**…目に見える光のこと。人間の目は，異なる波長の光を異なった色に感じる。

白色光
赤い光
反射光
赤い光以外吸収

6 電磁波の種類
波長の長いものから順に，電波，赤外線，可視光線，紫外線，X線，γ線

γ線	X線	紫外線	赤外線	電波	

可視光線

$10^{-15}\ 10^{-14}\ 10^{-13}\ 10^{-12}\ 10^{-11}\ 10^{-10}\ 10^{-9}\ 10^{-8}\ 10^{-7}\ 10^{-6}\ 10^{-5}\ 10^{-4}\ 10^{-3}\ 10^{-2}\ 10^{-1}\ 1\ 10\ 10^{2}\ 10^{3}\ 10^{4}$ (m)

ポイントチェック

☐(1) 光軸に平行に進む光は，凸レンズを通過したあと，どこを通るか。　　　(　　　　　)

☐(2) 物体を凸レンズの焦点の外側に置いた場合にできる像は実像か，虚像か。　(　　　　　)

☐(3) 身近なところで，(2)の原理を利用しているものは何か。　　　　(　　　　　)

☐(4) 物体を凸レンズの焦点よりもレンズに近い位置に置いた場合にできる像は実像か，虚像か。
　　　　　　　　　　　　　(　　　　　)

☐(5) 身近なところで，(4)の原理を利用しているものは何か。　　　　(　　　　　)

☐(6) 太陽や電灯の光をプリズムに通すと，光は赤色から紫色までの光に分かれる。この現象を光の何というか。　　　(　　　　　)

☐(7) プリズムに通してできた光の帯を光の何というか。　　　　(　　　　　)

☐(8) (7)のうち，高温のフィラメントから出る光のように連続的に分布するものを何というか。
　　　　　　　　　　　　　(　　　　　)

☐(9) 人間の眼に感じる光を何というか。
　　　　　　　　　　　　　(　　　　　)

☐(10) 赤色の光より波長が少し長くて，人間の眼に感じることができない光を何というか。
　　　　　　　　　　　　　(　　　　　)

☐(11) 紫色の光より波長が少し短くて，人間の眼に感じることができない光を何というか。
　　　　　　　　　　　　　(　　　　　)

EXERCISE

▶**1** 右図のように物体 PQ と凸レンズがあり，その像 P′Q′ を考える。OF = 0.10 m，OQ = 0.30 m である。
次の問いに答えよ。

(1) 像 P′Q′ を作図せよ。また，この像は実像か，
それとも虚像か。

(　　　　　)

(2) レンズの式：$\dfrac{1}{a} + \dfrac{1}{b} = \dfrac{1}{f}$（$a$：物体とレンズ
の間の距離，b：レンズと像の間の距離，f：焦点
距離）を利用して，凸レンズと像までの距離 OQ′
を求めよ。

(　　　　　)

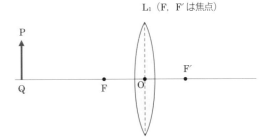

L₁（F, F′ は焦点）

(3) △PQO と △P′Q′O はどのような関係か。 (　　　　　)

(4) 物体の大きさに対する像の大きさの割合を，レンズの倍率という。OQ = a，OQ′ = b としたとき，
このレンズの倍率 m を，a，b を用いて表せ。 (　　　　　)

(5) このレンズの倍率 m はいくらか。

(　　　　　)

❓▶**2** 下図は，2枚の凸レンズを利用した望遠鏡のしくみを示している。望遠鏡によって対象物を拡大する
しくみを，あとの問いの手順に従って作図せよ。なお，作図に必要な光線も残しておくこと。

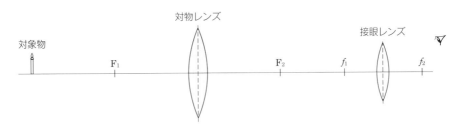

(1) 対物レンズ（焦点 F₁，F₂）による対象物の実像を作図せよ。

(2) (1)の実像を接眼レンズ（焦点 f_1, f_2）よって拡大し，虚像として見ることができる。この虚像を作図せよ。

▶**3** 光の分散に関して，次の問いに答えよ。

(1) 右図のように，プリズムに白色光を入射すると，色によ
って屈折する角度が異なる。屈折する角度が最も小さい色（図
の①）と屈折する角度が最も大きい色（図の②）をそれぞれ下
から選んで答えよ。 小さい(　　)
[緑 青 紫 黄 赤 橙] 大きい(　　)

❓(2) 虹は，空に浮かんだ水滴の1粒1粒がプリズムの役割をは
たしており，光の色によって目に届く方向が異なる。右図は
そのようすを示しており，A および B は，赤色と青色のいず
れかの光の道筋である。A，B それぞれの色を答えよ。

A(　　) B(　　)

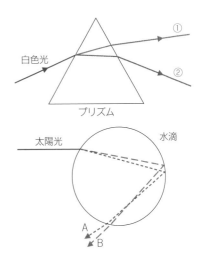

4章 光や熱の科学

2節：光の性質とその利用 　**71**

3 光の回折・干渉と偏光性

1 波の表し方 🌱 p.54 8

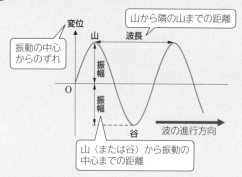

振動の中心からのずれ … 変位
山から隣の山までの距離 … 波長
山（または谷）から振動の中心までの距離 … 振幅

2 波の基本的性質
- **重ね合わせの原理**…二つの波が重なり合ってできた波 （②～④） の変位は，それぞれの波の変位の和になること。
- **波の独立性**…さらに波が進み，重なり合う部分がなく （①，⑤） なると，もとの波として進行する性質。

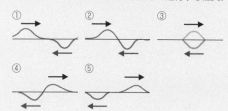

3 光の回折
- **波の回折**…波がすき間や障害物の後ろ側へ回り込んで広がる波特有の現象。幅 0.1 mm 程度の狭いすき間（スリット）に光を当てると，回折を観察することができる。

4 光の干渉
- **波の干渉**…波が重なり合い，強め合ったり弱め合ったりする波特有の現象。
- **干渉縞**…波が重なり合ってできた強弱の縞模様。光が干渉すると，明暗の縞模様ができる。光の波長が長いほど，縞の間隔は大きくなる。

5 回折格子
- **回折格子**…ガラス板の片面に，多くの細かい筋を等間隔で平行に引いたもの。
  筋と筋の間の透明な部分がスリットのはたらきをするため，光は回折して干渉縞をつくる。

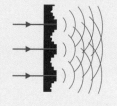

6 縦波と横波
- **縦波**…進行方向と同方向に振動する波。(例)音
- **横波**…進行方向に対して直角に振動する波。(例)光

7 偏光
- **偏光**…振動方向をそろえた光。
  (例)**偏光板**を通った光は偏光する。また，反射した光の多くは，偏光している。一方，太陽光のような**自然光**は，さまざまな方向に振動する光が混在しているので偏光していない。

8 光弾性
- **光弾性**…偏光によって，物質中でひずみなどが生じた部分に特有の色の変化が見える現象。

ポイントチェック

□(1) 波において，振動の中心からのずれを何というか。 （　　　　　）

□(2) 隣り合う山と山の間の距離を何というか。 （　　　　　）

□(3) 振幅がいずれも 1 cm の二つの波があり，それぞれの山と谷が出会ったとき，二つの波が重なってできた波の変位はいくらになるか。 （　　　　　）

□(4) 防波堤に打ちよせる海の波が，防波堤の背後に回り込む現象を波の何というか。 （　　　　　）

□(5) 波が重なって振動を強め合ったり，弱め合ったりする現象を波の何というか。 （　　　　　）

□(6) 回折格子に光を当てると，縞模様を観察することができる。この縞模様ができる原因は，次のうちいずれの現象が生じたためか。二つ選べ。
　　[反射，屈折，回折，干渉]
　　　　（　　　　）（　　　　）

□(7) ある方向にだけ振動している光を何というか。 （　　　　　）

□(8) 2 枚の偏光板の間にひずみが生じている材料をはさんで光にかざすと，色の変化を見ることができる。この現象を何というか。 （　　　　　）

EXERCISE

▶**1** 下図のように，x 軸上を互いに逆向きに，1 秒間あたりに 1 m ずつ進む波 A，B がある。2 秒後，3 秒後，5 秒後の波を描け。波 A，B が重なり合うときは合成せよ。

(1) 2秒後

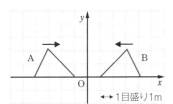

(2) 3秒後

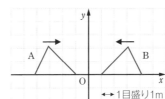

(3) 5秒後

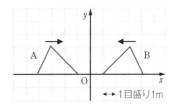

▶**2** 光の干渉に関して，次の文章のア～オに適する言葉を入れよ。

　右図のように，単色光源の光を，ガラス板 1 のスリットに通過させたあと，近接したガラス板 2 の二つのスリットを通してスクリーンに当てる。スクリーンには明暗の縞模様ができる。スクリーン上で，スリット S_1 を通過してきた山と S_2 を通過してきた山とが重なる位置では（ア　　）い線となり，スリット S_1 を通過してきた山と S_2 を通過してきた谷とが重なる位置では（イ　　）い線になる。単色光源の色を可視光線で最も波長の（ウ　　）い赤色にすると，スクリーン上にできる縞の間隔も（エ　　）くなる。

　ガラス板 2 のかわりに，細かい格子が刻まれた（オ　　　　　）にすると，（ア）い線がさらにシャープに観察される。

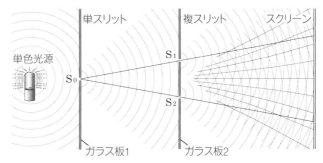

▶**3** 右図は，偏光板による偏光の原理を示している。この図を見て，次の文章のア～エに適する言葉を入れよ。

　自然光を 1 枚の偏光板に通して見るとき，偏光板を回転させても明るさは変わらない。しかし，偏光板を 2 枚重ねて一方だけを回転させると，回転角によって明るさが変化する。2 枚の偏光板の軸の方向が（ア　　　）になると光は通過できなくなる。また，反射してくる光は，ある特定の

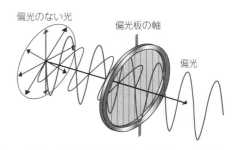

方向の（イ　　）を多く含む。したがって，ショーウィンドーのガラス板で反射した光のために，中がよく見えないときは，（ウ　　　　　）を用いると反射光を取り除くことができる。このような現象は，光が（エ　　）波であることを示している。

▶**4** 次の文章のなかから正しいものを選んで，記号で答えよ。
　① 　波において，山の変位から谷の変位を引いたものを振幅とよぶ。
　② 　日常では，光は直進すると感じることが多い。しかしながら，実は光は回折する。
　③ 　水平方向に進行する波で，上下に振動するものを縦波とよぶ。　　　　　（　　　　）

4 電磁波の利用

1 電磁波とその利用

- **電磁波**…電気と磁気の振動が空間を伝わる波。

　電磁波は，波長または周波数（振動数）で分類されており，電波，赤外線，可視光線，紫外線，X線，γ線などがある。これらは，それぞれの特性に応じてさまざまに活用されている。

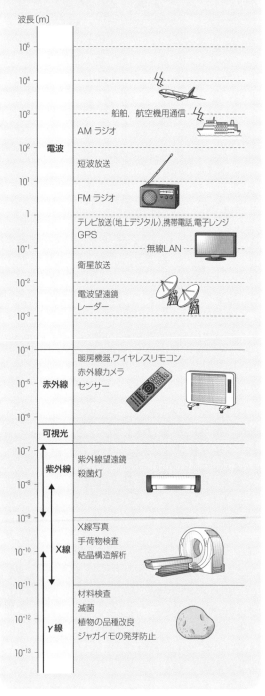

波長〔m〕

- 10^5
- 10^4
- 10^3 ----- 船舶，航空機用通信 -----
- 10^2 電波　AM ラジオ
- 10^1 短波放送
- 1 FM ラジオ
- 10^{-1} テレビ放送（地上デジタル），携帯電話,電子レンジ GPS ----- 無線LAN
- 10^{-2} 衛星放送
- 10^{-3} 電波望遠鏡 レーダー
- 10^{-4} 暖房機器,ワイヤレスリモコン
- 10^{-5} 赤外線　赤外線カメラ センサー
- 10^{-6}
- 可視光
- 10^{-7} 紫外線　紫外線望遠鏡 殺菌灯
- 10^{-8}
- 10^{-9}
- 10^{-10} X線写真 手荷物検査 結晶構造解析
- 10^{-11} 材料検査 滅菌
- 10^{-12} γ線　植物の品種改良 ジャガイモの発芽防止
- 10^{-13}

2 単位の換算

　km の k（キロ）は 10^3 を表し，mm の m（ミリ）は 10^{-3} を表す。このような k や m のことを**接頭語**とよぶ。電磁波の波長のように，大きい数値や小さい数値を表現する場合は，接頭語をつけて表すことがある。

接頭語	読み方	意味
T	テラ	10^{12}
G	ギガ	10^9
M	メガ	10^6
k	キロ	10^3
		$1(10^0)$
m	ミリ	10^{-3}
μ	マイクロ	10^{-6}
n	ナノ	10^{-9}
p	ピコ	10^{-12}

（例）10^{-3} m = 0.001m = 1mm

ポイントチェック

☐(1) 次のものは，何を利用しているものか。電波，赤外線，紫外線，X線，γ線のなかから選んで答えよ。
- (i) 手荷物検査 （　　）
- (ii) 非接触の温度計 （　　）
- (iii) 携帯電話やスマートフォン （　　）
- (iv) 殺菌灯 （　　）
- (v) 電子レンジ （　　）
- (vi) GPS（全地球測位システム） （　　）
- (vii) 品種改良 （　　）

☐(2) 10^3 m を，接頭語をつけて表せ。 （　　）

☐(3) 10^{-3} m を，接頭語をつけて表せ。 （　　）

☐(4) 10^{-6} m を，接頭語をつけて表せ。 （　　）

☐(5) 10^{-9} m を，接頭語をつけて表せ。 （　　）

☐(6) 10^{-12} m を，接頭語をつけて表せ。 （　　）

EXERCISE

▶1 次の文章のア〜キに適する言葉を下の語群から選んで書け。

私たちがものを眼で見られるのは、光源からの光や、その光が物体に当
たった（ア　　　）が眼を通って（イ　　　）を刺激するからである。人
間の（イ）は、電磁波のうち（ウ　　　）領域のものだけに反応し、認識す
ることができる。

私たちは、（ウ）以外の電磁波を感知する装置をつくることで、肉眼では
見えないものも見られるようになった。暗い場所の様子などを写すことが
できる（エ　　　）写真は、物体が放出している（エ）をとらえたものであ
る。

右図のような（オ　　　）写真は、（オ）を人体などに照射し、透過して
くる（オ）を感知して写し出したものである。骨などの（カ　　　）の低い
ものは、（オ）が遮られてフィルムに到達しないので（キ　　　）なって写
る。

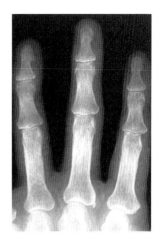

《語群》

屈折光	反射光	回折光	視細胞	虹彩	水晶体	電波
赤外線	可視光	紫外線	X線	γ線	透過率	反射率
屈折率	黒く	白く	赤く

▶2 電磁波は、日常生活のさまざまなところで活用されている。次の文と最も関連するものを下の語群か
ら選んで、記号で答えよ。

(1) 蛇口に手を近づけるだけで水が出る洗面所などに利用
されている。　　　　　　　　　　　　（　　　）

(2) 複数の人工衛星から電波が到着するまでの時間差を
使って、受信点の位置を割り出すことができる。
　　　　　　　　　　　　　　　　　　（　　　）

(3) 電波を発信し、雨や雲の粒に反射して戻ってきた電波
を観測することによって、雨や雪が降っている場所を知
ることができる。　　　　　　　　　　（　　　）

(4) 電磁波とコンピュータを利用して、人体や物体の断面
画像や3次元画像をつくり出すことができる。
　　　　　　　　　　　　　　　　　　（　　　）

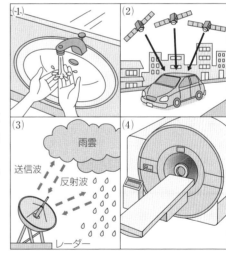

《語群》
① 気象レーダー　　② 電子レンジ　　③ X線CT
④ 赤外線センサー　　⑤ GPS

▶3 気象衛星から写される雲の画像には、赤外線による赤外画像と可視光線による可視画像がある。赤外
画像は原理的にはいつでも利用が可能であるが、可視画像は1日の中で約半分の12時間程度はまったく
使用できないという欠点がある。それはなぜか、理由を述べよ。

（　　　　　　　　　　　　　　　　　　　　　　　　　　　　　　　　　）

節 末 問 題

❶ 花子さんは下図のように，床に対して垂直に立つ壁に大きな鏡を取りつけて全身が映るようにしたい。次の問いに答えよ。

(1) 頭の先 A およびつま先 B の像の位置を図に描き，それぞれの位置に，A′，B′ と記入せよ。

(2) 頭の先 A から出た光が目 C に届くまでの光の経路を作図せよ。

(3) つま先 B から出た光が目 C に届くまでの光の経路を作図せよ。

(4) 全身から出た光が目 C に届く際，鏡の表面で光が反射している部分を図に太い線で描け。

(5) 身長が 150 cm の花子さんが全身を映すには，少なくとも何 cm の鏡が必要か。　　　　　　　　　　（　　　　　　　）

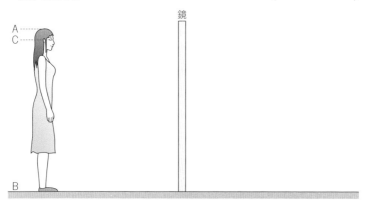

❷ 池に潜って静かな水面を見上げた。この際に生じている物理現象に関して，次の①〜④のなかから**適切でないもの**を一つ選べ。

① 水面上の全空間の景色を，ある半径の円の中で見ることができる。

② ある半径の円の外側は鏡のように反射しており，池の底や水中の魚が映って見える。

③ 水面下では全反射が生じている。

④ 真上の狭い範囲の水面下で全反射が生じており，そこで全反射した光が目に届く。

（　　　　　　　）

❸ 次の文章を読んで，以下の問いに答えよ。

太陽光のような（ア　　　　）光をプリズムに通してスクリーンに映すと，（イ　　　），橙，（ウ　　　），緑，（エ　　　），藍，（オ　　　）の 7 色に分かれた色が見える。このような現象を光の（カ　　　　）という。（カ）によってできた 7 色の光の帯を，光の（キ　　　　　　）という。光は波の性質を示し，波長によって屈折率が異なるので，光の（カ）が起こる。

(1) ア〜キに当てはまる語を入れよ。

(2) 人間が見ることのできる光のうち，最も屈折率が小さい光は何色か。

（　　　　　　　）

アドバイス

❶ ⊃ p.68

(1) **虚像**

目に入る光を逆に延長した，鏡面に対して線対称の位置に物体があるように見える。

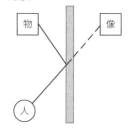

(4) ひざから出た光はどこで反射するか考えてみよう。

(5) 全身と(4)はどのような関係か考えてみよう。

❷ ⊃ p.68

5 の全反射の図において，光源の位置に人の目があり，光が図と逆の経路をたどる場合を考えるとよい。

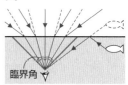

臨界角

❸ ⊃ p.70

(1) 雨上がりなどに見られる虹の現象は，プリズムによって光が分かれる現象と基本的には同じである。

(2) 光が屈折したとき，大きく曲がると，屈折率も大きい。

❓❹ 右図のように，物体を凸レンズの焦点
の外側に置くと，倒立した実像ができ，
以下のレンズの式が成り立つ。次のア
〜ウに記号または数を入れて，レンズ
の式が成り立つことを証明せよ。

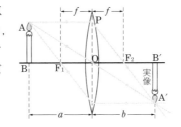

$$\text{レンズの式}: \frac{1}{a} + \frac{1}{b} = \frac{1}{f}$$

△ ABO と△ A′B′O は相似だから $\dfrac{\text{A′B′}}{\text{AB}} = \dfrac{(ア\quad)}{a}$

△ POF$_2$ と△ A′B′F$_2$ は相似だから $\dfrac{\text{A′B′}}{\text{PO}} = \dfrac{(イ\qquad)}{f}$

また，AB = PO だから，$\dfrac{(ア)}{a} = \dfrac{(イ)}{f}$

変形すると，$\dfrac{b}{a} = \dfrac{b}{f} - (ウ\quad)$

両辺を b で割って整理すると，$\dfrac{1}{a} + \dfrac{1}{b} = \dfrac{1}{f}$ が成り立つ。

❺ 右図は，シャボン玉の表面で光が進むようすを示したものである。この
図を見て，次の文章のア〜エに当てはまる言葉を入れよ。

　シャボン玉の表面に太陽光な
どの白色光を当てると，虹のよ
うな色を見ることができる。こ
れは，シャボン玉の薄い膜の外
側で（ア　　）する光と内側で
（ア）する光が（イ　　）を起こ
しているからである。表面の場
所によってさまざまに色づいて
見えるのは，膜の厚さや見る角

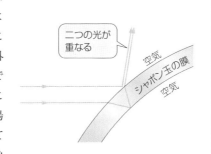

度の違いで（イ）によって強められる光の（ウ　　）が異なるからである。
また，液体のシャボン玉の膜は流れるため，膜の（エ　　）が常に変化
する。そのため，色づいた部分が動いているようすが観察できる。

❻ 次の(1)〜(4)の下線部について，正しいものには○，誤っているものには
×として，誤っている部分を正しく直せ。
(1) 電気と磁気の振動が空間を伝わる波を電磁波という。（　　　　　）
(2) 人間が感知できる光は可視光線とよばれ，電磁波の一種である。
　　　　　　　　　　　　　　　　　　　　　　　　　（　　　　　）
(3) 可視光線よりもやや波長が長い電磁波を紫外線という。
　　　　　　　　　　　　　　　　　　　　　　　　　（　　　　　）
(4) 電波はテレビなどのリモコンに利用されている。　（　　　　　）

アドバイス

❹⊃ p.70
△ ABO と△ A′B′O を赤い
ペン，△ POF$_2$ と△ A′B′F$_2$
を青いペンで囲んでみよ
う。対応する辺がわかりや
すくなる。

❺⊃ p.70，p.72
シャボン玉の表面が色づい
て見える現象は，プリズム
によって色が分かれる現象
とメカニズムが異なること
に留意しよう。

❻⊃ p.74
電磁波の種類とその利用に
ついて，まとめておこう。

4章 光や熱の科学

地学分野の入門（1）　身近な天体

1　銀河系と太陽系

- **恒星**……自ら光り輝く天体。恒星までの距離は**光年**という単位で表す（1光年は光が1年間に進む距離）。太陽など。
- **銀河系**…数億〜数千億の恒星がつくる大集団を銀河といい，われわれの住む銀河系もその一つである。太陽は銀河系を構成する恒星の一つである。
- **太陽系**…太陽を中心とする天体の集まり。
- **惑星**……太陽系には8個の惑星が太陽を中心に**公転**している。

> **地球型惑星（水・金・地・火）**
> 密度：大　質量：小

> **木星型惑星（木・土・天・海）**
> 密度：小　質量：大

> - **内惑星**…地球の内側を公転する惑星
> - **外惑星**…地球の外側を公転する惑星

2　地球の自転と公転

- **自転**…地球は**地軸**を中心に，1日で約1回転，**西から東へ**回っている。**1時間では約15°動く。**
- **公転**…地球は地軸を傾けたまま，太陽のまわりを1年で約1周，自転と同じ向きに回っている。**1か月では約30°動く。**

3　星の日周運動

地球の自転により，星が**東から西へ**1日に約1周，地球のまわりを回転しているように見える運動。**見かけ上，1時間で約15°動く。**

北の空の動き

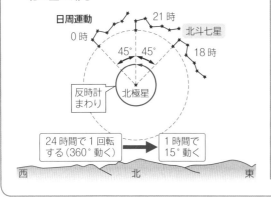

- **衛星**……惑星のまわりを公転する天体。月など。
- **小惑星**…おもに火星と木星の軌道の間にある，岩石や鉄でできた小さな天体。
- **すい星**…氷を主成分とした小天体。楕円軌道をもつものが多い。

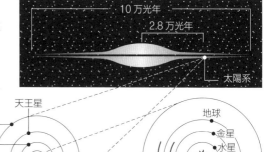

4　太陽の日周運動

地球の自転により，太陽が1日に1周，地球のまわりを回転しているように見える運動。太陽が真南にくることを**南中**といい，このときの地平面との角度を**南中高度**という。

5　星の年周運動

地球の公転により，同じ時刻に観測した星が**東から西へ**1年に1周，地球のまわりを回転しているように見える運動。見かけ上，1か月に約30°ずれ，約2時間ずつ南中する時刻が早くなる。

オリオン座の動き

> 1か月で約2時間早くなる

> 1か月で約30°動く

6　太陽の南中高度と季節の変化

地球は地軸を公転面に垂直な方向に対して，約**23.4°傾いたまま公転している。**そのため，太陽の南中高度や昼の長さが変化する。

確認問題

基礎チェック

□(1) 太陽のように，自ら光と熱を放出している天体を（　　　　　　　）といい，地球のように太陽の
まわりを公転している比較的大きな天体を（　　　　　　　）という。

□(2) 月のように，惑星のまわりを公転している天体を（　　　　　　　）という。

□(3) 地球が1日に1回，西から東へ（　　　　　　　）しているため，太陽や星は1日に1回，地球の
まわりを（　　）から（　　）へ回転しているように見える。

□(4) 地球は1年に1回，太陽のまわりを（　　　　　　　）している。

---

1 太陽系の八つの惑星について，特徴を右表にまとめた。

(1) 火星および木星は表の①〜⑥のどれか。

　　　　火星【　　　　】　木星【　　　　】

(2) 表の八つの惑星は質量や平均密度から二つのグループに
分けられる。そのうち地球に似たグループの惑星を表の①
〜⑥からすべて選べ。また，そのグループは何とよばれて
いるか。　記号【　　　　】名称【　　　　】

(3) 太陽系が含まれる恒星の大集団を何というか。

　　　　　　　　　　　　　　　　【　　　　　　】

	太陽からの平均距離（地球＝1）	質量（地球＝1）	平均密度（物質1cm³あたりの質量(g)）
①	0.39	0.06	5.43
金星	0.72	0.82	5.24
地球	1.00	1.00	5.52
②	1.52	0.11	3.93
③	5.20	317.83	1.33
④	9.55	95.16	0.69
⑤	19.22	14.54	1.27
⑥	30.11	17.15	1.64

---

2 右図は，日本のある地点で，1時間ごとに透明半球に太陽の動きを記録
したものである。T点のとき太陽が最も高くなった。

(1) O点を中心として，南の方位はA〜Dのどれか。　【　　　　】

(2) 太陽の南中高度を表す角は，O点を中心としてどの2点を結んだも
のか。図中の記号を用いて答えよ。　　　　　【　　と　　】

(3) 図のPとQは何を表す点か。P【　　　　】 Q【　　　　】

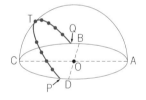

---

3 右図は，ある地点でのある恒星の位置を調べて記録したものであ
る。12月15日の午後6時には恒星はアの位置にあった。

(1) 4時間後にはア〜ウのどの位置にあるか。　【　　　　】

(2) 11月15日の午後10時には恒星はア〜ウのどの位置にあっ
たか。　　　　　　　　　　　　　【　　　　】

(3) 1月15日に恒星がイの位置にくるのは，何時か。　　　　　　　　【　　　　　】

(4) 同じ時刻で恒星の見える位置が変わるのは，地球のどのような運動が原因か。　【　　　　　】

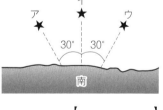

---

4 右図は，日本のある地点の太陽の南中高度の変化を示す。ア〜エは①春分・
②夏至・③秋分・④冬至のいずれかを表している。

(1) 昼が最も長い日をア〜エから選べ。また，その日を何とよぶか，①〜
④の記号で答えよ。　　　　　【　　　】【　　　　】

(2) アおよびウの日を何とよぶか，①〜④の記号で答えよ。

　　　　　　　ア【　　　】 ウ【　　　　】

(3) このように季節の変化が生じる理由を説明せよ。

　　　　　【　　　　　　　　　　　　　　　　　　　　　　　】

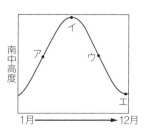

地学分野の入門

地学分野の入門（2）　生きている地球

1　地層のでき方

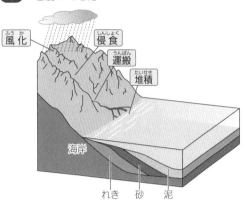

- **風化**…表面の岩石が気温の変化や風雨によって くずれ，れき・砂・泥になること。
- **侵食**…川などの流水が風化した岩石を削ること。
- **運搬**…侵食によって削り取られた岩石を流水が 運ぶこと。粒の小さいものほど遠くまで 運ばれやすい。
- **堆積**…流水が運搬してきたものを底に積もらせ ること。

※侵食によって削り取られたれき・砂・泥は下流 へ運搬され，河口や海底などに堆積する。これ が繰り返されることで，**地層**ができる。

2　日本の気候

- **偏西風**…日本付近の上空を1年中吹いている西風。
- **季節風**…季節によって吹く方向が変わる風。
- **気団**……気温や湿度がほぼ一様な空気のかたまり。 気団の強弱が日本の天気を大きく左右 する。季節により下図のように位置する。

西に高気圧，東に低気圧（西高東低）

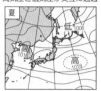
高気圧と低気圧が交互に通過

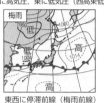
東西に停滞前線（梅雨前線）

南に高気圧，北に低気圧（南高北低）

3　火山

- **マグマ**…火山の地下深くにある，岩石が高温で どろどろに融けた物質。マグマの粘り けで火山の形や噴火のようすが異なる。

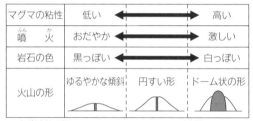

マグマの粘性	低い		高い
噴火	おだやか		激しい
岩石の色	黒っぽい		白っぽい
火山の形	ゆるやかな傾斜	円すい形	ドーム状の形

- **火山噴出物**…火口から噴き出した溶岩・火山ガ ス・火山灰・火山弾など。

4　地震

- **震源**…地震が発生した地下の点。震源の真上の 地表の点を**震央**とよぶ。
- **震度**…地震の揺れの強さを表す階級。0〜7の10 段階で表す。（5および6には強・弱がある）。
- **マグニチュード**（記号：**M**）…地震そのものの規模（エネル ギーの大きさ）を表す数値。
- **断層**…地層や岩盤などのずれ。繰り返し活動し たあとのある断層を**活断層**という。
- **津波**…地震や火山活動などによる，海底の隆起 や沈降が原因で発生した大きな波。

地震発生の原因は，プレートの動きに関係する。

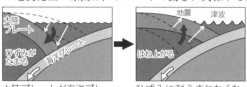

大陸プレートが海洋プレー トに引きずりこまれる。

ひずみに耐えきれなくな り，反動ではね上がる。

確認問題

☑ 基礎チェック

□(1) 風化した岩石を川などの流水が削り取るはたらきを（　　　　　　）といい，れき・砂・泥は流水によって下流へ（　　　　　　）され，海底などに（　　　　　　）する。このようなはたらきによって地層ができる。

□(2) 気温や湿度などがほぼ一様な空気のかたまりを（　　　　　　）といい，日本の気候はこれに大きく影響を受けている。例えば，（　　）はあたたかく湿っている（　　　　　　）気団の影響を受け，南東の季節風が吹く。

□(3) 日本付近では，太平洋側の（　　　　　　）プレートが大陸側の（　　　　　　）プレートの下にもぐり込んでいるために，この境界付近にひずみがたまり，（　　　　　　）プレートがはね上がることで地震が起こる。

1 右の天気図は，日本の春・秋，夏，冬，梅雨期のいずれかの季節を表している。

(1) Aの季節のときに発達している気団の名称を答えよ。また，東西に走る前線の名称を答えよ。

気団【　　　　　　】

前線【　　　　　　】

(2) 夏の天気図をA～Dから一つ選べ。また，このときの気圧配置を何というか。

記号【　　　　　　】

気圧配置【　　　　　　】

(3) 冬の天気図をA～Dから一つ選べ。また，このときの気圧配置を何というか。　　記号【　　　　】　　気圧配置【　　　　　　】

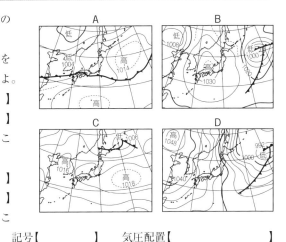

2 右図のA～Cは，三つの火山の形を模式的に表したものである。

傾斜がゆるやかな火山　　円すい形の火山　　ドーム状の火山

(1) 火山の形は何の粘りけと大きく関係しているか。【　　　　　　】

(2) 溶岩が盛り上がり，激しい噴火をする火山はどれか，A～Cの記号で答えよ。【　　　　】

(3) 粘りけが最も弱い(1)からできたと考えられる火山はどれか，A～Cの記号で答えよ。

【　　　　】

3 右図は，兵庫県南部地震（発生時刻5時46分52秒）の揺れ始めの時刻を示したものである。次のア～ウに当てはまる語句を答えよ。

揺れは震央（×印）からあらゆる方向に（ア　　　　　　）の速さで伝わることがわかる。

図中の④や⑦は，地震の揺れの程度を表す（イ　　　　　　）を示している。

それに対して，地震がもつエネルギーの大きさを表す数値は（ウ　　　　　　）といい，この地震では $M7.3$ が観測された。

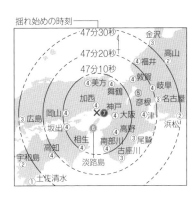

地学分野の入門

1 宇宙の中の太陽系

- **恒星**…自らエネルギー（光）を放つ天体。
- **惑星**…恒星の周囲を公転する比較的大きな天体。
- **太陽系**…太陽を中心とした天体の集団
- **1天文単位（1au）**…太陽・地球間の平均距離を1とする単位。1億5000万kmに相当する。

2 太陽系惑星の2グループの特徴

	地球型惑星	木星型惑星
大きさ	小さい	大きい
密度	大きい	小さい
自転周期	長い	短い
衛星	なしか少数	多数
リング（環）	なし	あり
大気	なしか二酸化炭素や窒素など	水素とヘリウム
成分と構造	鉄とニッケルの核，その周囲は岩石	金属や岩石と氷の核，その周囲は水素，ヘリウム

2 地球の自転と公転

- **地球の自転**…地球は北極と南極を結ぶ地軸を中心に西から東へ約1回転して見える。
- **日周運動**…自転のため，天球は見かけ上，東から西へ約1回転して見える。1時間あたり約15°回転する見かけの運動。
- **地球の公転**…地球は太陽のまわりを自転と同じ向きに1年で1周する。
- **年周運動**…公転のため，太陽は天球上を1年で1周するように見える。西から東へ1日あたり約1°移動する見かけの運動。

4 太陽の年周運動

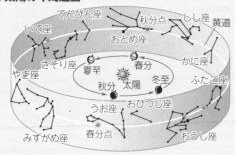

地球の公転のため，太陽は天球上を1年で1周するように見える。

5 時間と暦

太陽暦…太陽の出没の周期に合わせて決められた暦。1年を365日とし，うるう年を設けることで調節する。
太陰太陽暦…月の満ち欠けをもとに定めた暦で，1月の長さを29日または30日とする。数年に1度うるう月を入れて調節する。

ポイントチェック

□(1) 太陽のように，自ら光を発生して輝く星は何とよばれるか。

（　　　　　　　）

□(2) (1)の周囲を公転する比較的大きな天体は何とよばれるか。

（　　　　　　　）

□(3) 地球と太陽の平均距離を1とする単位は何か。

（　　　　　　　）

□(4) 太陽系の，太陽に近い四つの惑星を何とよぶか。

（　　　　　　　）

□(5) (4)の半径は（　　　　　）く，平均密度は（　　　　）く，（　　　　　　）の核とその周囲を取り巻く（　　　　）から構成される。

□(6) 太陽系の，太陽から遠い四つの惑星を何とよぶか。

（　　　　　　　）

□(7) (6)の半径は（　　　　　）く，平均密度は（　　　　　）く，中心には金属・岩石や氷でできた（　　　　　）があり，周囲は（　　　）と（　　　　）からなる。

□(8) 地球の公転により，太陽は見かけ上，天球を1年で1周するように見える。このとき，太陽の動きは {①西から東，②東から西} のいずれか。

（　　　　　　　）

□(9) 日本で，1年で最も太陽の南中高度が高くなる日はいつか。また，最も低くなる日はいつか。

高（　　　　　　）
低（　　　　　　）

□(10) 現在用いられている，太陽の出没の周期に合わせて決められた暦を何というか。

（　　　　　　　）

□(11) 月の満ち欠けを基準にして，うるう月を入れて調節した暦は何とよばれているか。

（　　　　　　　）

EXERCISE

▶**1** 次の表は太陽系のいくつかの惑星について，その半径，太陽からの平均距離，密度を示している。下の各問いに答えよ。ただし距離は天文単位（太陽・地球の距離を1とする）の au で書かれている。

惑星	地球	A	B	C	D	E	F
半径（× 10³ km）	6.4	3.4	60.3	6.1	71.5	24.8	2.4
平均距離（au）	1.0	1.52	9.6	0.72	5.2	30.1	0.39
密度（g/cm³）	5.5	3.9	0.7	5.2	1.3	1.6	5.4

⑴ 惑星 A 〜 F のうち，リング（環）をもつものをすべて選び，記号で答えよ。

（　　　　　　　）

⑵ 惑星 A 〜 F のうち，表面が岩石で覆われている惑星をすべて選び，記号で答えよ。

（　　　　　　　）

⑶ 惑星 A 〜 F のうち，自転周期が1日より短い惑星をすべて選び，記号で答えよ。

（　　　　　　　）

⑷ 惑星 A 〜 F のうち，衛星をもたない惑星をすべて選び，記号で答えよ。

（　　　　　　　）

▶**2** 次の各問いに答えよ。

⑴ 次の天体の名称を答えよ。

㋐ おもに火星・木星軌道間にあり，太陽の周囲を公転する多数の小天体。

（　　　　　　　）

㋑ 軌道半径が約2万〜10万天文単位にある，氷を主成分とする多数の天体群。

（　　　　　　　）

㋒ 惑星の周囲を公転する天体。　　　　　　　　　　　　　　　（　　　　　　　）

㋓ 氷および揮発性物質からなり，細長い楕円軌道をもつもの。　（　　　　　　　）

⑵ ㋓は太陽に近づくと長い尾を引く。その理由は何か，説明せよ。

（　　　　　　　　　　　　　　　　　　　　　　　　　　　　　　　　　）

▶**3** 次の⑴，⑵で述べられている暦はそれぞれ何か。適する語句を答えよ。

⑴ 現在，世界のほとんどの国で広く採用されている暦。1年を365日とし，4年に1度うるう年が設けられているが，400年に3度うるう年を削除して微調整している。

（　　　　　　　）

⑵ 新月から新月を1か月としてこの12倍（約354日）を1年とし，数年に一度うるう月を入れて調節した暦。

（　　　　　　　）

潮汐と人間生活

1 潮汐

海面が昇降を繰り返す現象
・**干潮**：下がりきった状態
・**満潮**：上がりきった状態
・**引き潮**：水際が沖の方に退く
・**満ち潮**：水際が陸の方に進んでくる
・**潮位差**：潮の干満に伴う海面の高さの差
　　大潮：潮位差が大きいとき
　　小潮：潮位差が小さいとき

2 潮汐の周期性

干潮や満潮は，それぞれ1日に2回程度起こる。
半日周期で海面の昇降運動が生じている。

3 潮汐のしくみ

起潮力：潮汐を引き起こす力。おもに月の引力によって生じる。

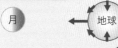

月の引力による起潮力

起潮力は，海面を引き伸ばすようにはたらく。

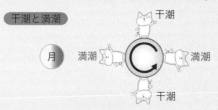

干潮と満潮

太陽の引力によっても起潮力は生じる。
新月と満月の頃…月と太陽の起潮力が強め合って潮位差が大きくなる（**大潮**）
上弦と下弦の頃…月の起潮力を太陽の起潮力が弱めるため，潮位差が小さくなる（**小潮**）

4 太陽のすがた

太陽…太陽系の中心にある半径約70万kmの天体で，地球のおよそ109倍の大きさをもつ。中心部では，水素原子核4個がヘリウム原子核1個に変わる核融合反応が起こり，莫大なエネルギーが生み出されている。

可視光線，赤外線，紫外線などが地球まで届いている。太陽で**フレア**が発生すると，地磁気などにも影響があるため磁気嵐やデリンジャー現象が発生する。

ポイントチェック

□(1) 海面が，約半日周期で昇降をくり返す現象を何というか。
（　　　　　　　）

□(2) (1)を引き起こす力を何というか。
（　　　　　　　）

□(3) (1)において，海面が下がりきった状態を何というか。
（　　　　　　　）

□(4) (1)において，潮位差が大きい時を何というか。
（　　　　　　　）

□(5) 大潮になるのは，満月・新月の頃か，上弦・下弦の頃か。
（　　　　　　　）

□(6) (2)を生じさせる天体の名称を答えよ。
（　　　　　　　）

□(7) 太陽の中心部でエネルギーを生み出す反応の名称を答えよ。
（　　　　　　　）

□(8) 明るく輝いて見える，太陽の表層のガス体を何とよぶか。
（　　　　　　　）

□(9) (8)の表面に見られ，周囲より低温で暗く見える部分は何か。
（　　　　　　　）

□(10) 太陽の光球面から高く上がる炎のようなガスの吹き出しは何か。
（　　　　　　　）

□(11) 太陽表面でフレアが発生したとき，太陽から放射される電磁波は何か。
（　　　　　　　）

□(12) 太陽でフレアが発生したとき，地球に発生する現象を二つ書け。
（　　　　　　　）
（　　　　　　　）

EXERCISE

▶**1** 次の文章を読んで下の問いに答えよ。

海面が昇降をくり返す現象を潮汐という。海面が下がりきった状態を（　ア　），上がりきった状態を（　イ　）という。（　ア　）と（　イ　）はそれぞれ1日に2回程度起こることから，約半日周期で海面の昇降運動が生じていることがわかる。このとき，潮位差が大きい時を（　ウ　），小さい時を（　エ　）という。

潮汐を引き起こす力は起潮力とよばれ，<u>月と太陽の引力によって生じる。</u>

(1)文中の(ア)〜(エ)にあてはまる適語を答えよ。

（ア　　　　　　　　）（イ　　　　　　　　）（ウ　　　　　　　　）（エ　　　　　　　　）

(2)下線部に関連して，(エ)になるときの太陽と月の位置関係と，そのときの月の満ち欠けについて，正しい組合せを以下の選択肢から選んで答えよ。

選択肢

	太陽と月の位置関係	月の満ち欠け
①	a	満月・新月
②	a	上弦・下弦
③	b	満月・新月
④	b	上弦・下弦

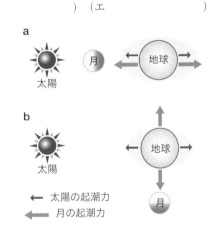

（　　　　　　　　）

▶**2**　次のa)〜g)の説明に当てはまる部分を，右図中の(ア)〜(キ)から選び記号で答えよ。また，各部分の名称も答えよ。

a)　温度100万〜200万Kにも達する太陽大気の最外層である。

b)　温度4500Kと周囲よりかなり低温である。

c)　光球面での爆発現象であり，地球へは磁気嵐やデリンジャー現象などの影響を与える。

d)　皆既日食のときだけに美しく観察される太陽の大気層である。

e)　表面温度が6000Kに達する高温ガス体である。

f)　炎のように立ち上がる気体で，大きなものは数10万kmにも達する。

g)　太陽表面で観察される渦である。

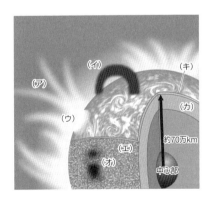

	記号	名称		記号	名称
a			b		
c			d		
e			f		
g					

5章

宇宙や地球の科学

3 太陽の放射エネルギー

1 太陽放射

太陽が放射しているさまざまな波長の電磁波。地球軌道付近で太陽光線に垂直な面 $1m^2$ あたり約 $1.37kW$ の強さで，可視光線の領域が最も強い。

2 地球放射

地球から宇宙空間に向かう放射。太陽放射エネルギーを吸収して暖められた大気と地表は，その温度に見合う量のエネルギーを赤外線として放射する。

太陽放射と地球放射が釣り合っていることから，大気や地表の温度が決まる。

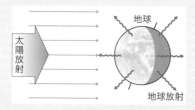

3 温室効果

大気中の二酸化炭素などの温室効果ガスが地表から放射された赤外線を吸収・再放射することによって，地表面を暖めること。

4 地球温暖化

温室効果ガスが増えることで大気に吸収される赤外線が増え，その結果，大気の平均気温が上昇し，さらに地表の平均気温も上昇すること。

5 ハビタブルゾーン

恒星のまわりの宇宙空間で，惑星の表面温度が，液体の水を維持できる範囲。

6 南北のエネルギー輸送

地球が受け取る太陽放射のエネルギー量は，低緯度地方で多く，高緯度地方で少ない。

地球放射のエネルギー量は，緯度による差が小さい。

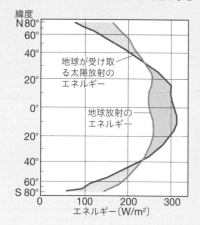

低緯度から高緯度へエネルギーを運ぶはたらきが生じる。

7 大気と海洋の大循環

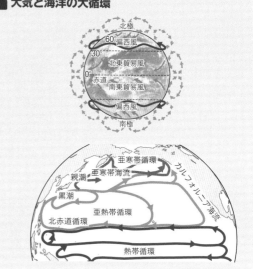

ポイントチェック

- □(1) 太陽放射のエネルギーは，どの領域で最大となっているか。　　　　　（　　　　　　）
- □(2) 地球の表面や大気から放射されている地球放射の電磁波は何か。　　　（　　　　　　）
- □(3) 温室効果を示す気体を2種類答えよ。
  （　　　　　）（　　　　　）
- □(4) 惑星の表面温度が液体の水を維持できる範囲を何とよぶか。　　　　　（　　　　　　）
- □(5) 地球が受け取る太陽放射のエネルギーは，高緯度地方と低緯度地方のどちらが多いか。
  （　　　　　　）
- □(6) 低緯度地方から高緯度地方へエネルギーを運ぶはたらきをもつものを二つ答えよ。
  （　　　　　　）
- □(7) 太陽が放射しているさまざまな波長の電磁波を合わせて何というか。　（　　　　　　）
- □(8) 現在進行中の温暖化の要因とされる二酸化炭素は，何を燃焼させることによって放出されたものだと考えられているか。　（　　　　　　）
- □(9) 中緯度地方の地上で吹く，おもに西から東へ向かう風を何とよぶか。　（　　　　　　）
- □(10) 高度十数km付近に吹く特に強い偏西風を何というか。　　　　　　　（　　　　　　）

EXERCISE

▶**1** 次の文章を読んで下の問いに答えよ。

太陽は表面温度約 6000 K の天体であり，（　ア　）線の領域で最も強い放射を行っている。地球軌道付近で太陽光線と（　イ　）な平面が1秒間に受け取る太陽放射のエネルギーは約 1.4 kW/m² と推定されている。一方，地球からは（　ウ　）線が放射されている。大気中のある気体は地表から放射された（　ウ　）線の大部分を吸収し，大気を暖めるはたらきがあり，これらの気体がない場合よりも地表の温度が上昇している。

(1) 文中の（　　　）にあてはまる適語を答えよ。

（ア　　　　　　　　　　　）（イ　　　　　　　　　　　）（ウ　　　　　　　　　　　）

(2) 文章中の下線部のようなはたらきを何というか。

（　　　　　　　　　　　　　　　　　　）

(3) 地球大気において，文章中の下線部のようなはたらきをする大気成分を二つ答えよ。

（　　　　　　　　　　　　　　　　）（　　　　　　　　　　　　　　　　）

▶**2** 次の文章を読んで下の問いに答えよ。

地球が吸収する太陽放射のエネルギー量と地球放射のエネルギー量は，緯度により異なっている。このような太陽放射のエネルギー量から地球放射のエネルギー量を引いたものを，正味のエネルギー量とする。

(1) 右の図は，年間を通じて地球が吸収する太陽放射と地球放射の緯度分布を示した模式図である。図中の実線アと破線イはそれぞれ太陽放射と地球放射のどちらを表しているか答えよ。

（ア　　　　　　　　　　　）（イ　　　　　　　　　　　）

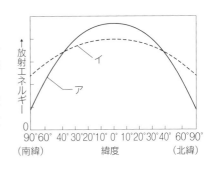

(2) 文章中の下線部に関して，正味のエネルギー量の緯度による変化を示す模式図として最も適当なものを，次の①〜④のうちから一つ選べ。

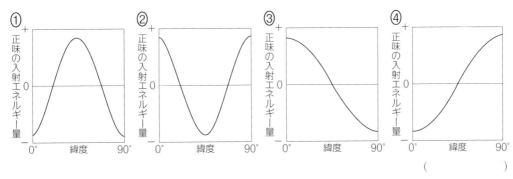

（　　　　　　　　　　　　　　　）

(3) (2)のような緯度によるエネルギーの過不足を緩和するはたらきをもつものを二つ答えよ。

（　　　　　　　　　　　　　　　　）
（　　　　　　　　　　　　　　　　）

ポイントチェック

1 水の循環

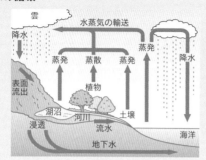

2 日本の気象

温度や湿度がほぼ均質な，高気圧性の大気を気団という。気団から吹き出す風は，季節とともに変化し，その盛衰が日本の気象に大きく影響する。

3 気象災害

災害	被害の内容
台風	北太平洋で発生し，最大風速が 17.2 m/s 以上のもの。強風と激しい降雨を伴い，とくに秋雨前線などの停滞前線があると大量の降雨により洪水や土砂崩れなどを引き起こす。中心に向かって反時計まわりに風が吹くため，進行方向の右側はより風が強い。西日本や南側の諸島で大きな被害が出やすい。
高潮 （たかしお）	台風などの強風と低い気圧により海面が上昇する現象で，湾岸低地に被害をもたらす。
集中豪雨	狭い範囲に短時間に大量の雨が降る現象。梅雨末期や秋雨期に起こりやすい。降り続いた雨で緩んだ地盤のうえに集中豪雨が重なると，土石流や地すべりなどを引き起こしやすい。気象庁の大雨警報などを活用することが重要である。
豪雪 （ごうせつ）	冬季に「西高東低」の気圧配置となり，季節風が強くなると日本海側で起こる。暴風に雪を伴うと暴風雪となり，非常に危険である。
干ばつ 渇水 （かっすい）	梅雨期から夏季などで，極端に降水量が少ない場合に干ばつや渇水になることがある。生活用水の不足や農業への被害が起こる。対策として，ため池などで雨期水をとっておく方法がある。瀬戸内地方などに多い。

□(1) 温度や湿度など性質がほぼ均質で大規模な空気の広がりを何とよぶか。
（　　　　　　　）

□(2) 冬に特徴的な気圧配置を何というか。
（　　　　　　　）

□(3) 夏の日本に影響する(1)の名称を答えよ。
（　　　　　　　）

□(4) オホーツク海気団と(3)の間に形成される前線名を答えよ。
（　　　　　　　）

□(5) 冬の日本列島に吹く季節風により，日本海側にはどのような気象現象が見られるか。
（　　　　　　　）

□(6) 北太平洋で発生した熱帯低気圧のうち，台風とよばれるものは風速が何 m/s 以上のものをさすか。（　　　　　　　）

□(7) 台風では，風は ｛①時計まわり，②反時計まわり｝ のいずれで吹き込むか。
（　　　　　　　）

□(8) 台風では，中心から進行方向に対して右側と左側のいずれの側で風が強いか。
（　　　　　　　）

□(9) 台風の影響で海面が異常に上昇する現象は何か。
（　　　　　　　）

□(10) 梅雨の末期に起こりやすい気象災害は何か。
（　　　　　　　）

□(11) 暴風を伴った豪雪を何というか。
（　　　　　　　）

EXERCISE

▶**1** 右図は，7月初めの天気図である。次の各問いに答えよ。

(1) 日本列島付近で東西に延びる前線の名称を答えよ。また，この前線は何という種類の前線に分類されるか。

名称（　　　　　　　　　　）

種類（　　　　　　　　　　）

(2) (1)の前線は，二つの気団から吹き出した風が日本列島上で衝突することで形成される。この二つの気団名を答えよ。

（　　　　　　　　　）気団

（　　　　　　　　　）気団

(3) (1)の前線の活動が活発なとき，東北地方の太平洋側ではどのような天候になるか。説明せよ。

（　　　　　　　　　　　　　　　　　　　　　　　　　　　　　　　　）

(4) (1)の前線が北上または消滅することにより，日本列島に夏が訪れる。夏の晴天をもたらす高気圧の名称を答えよ。　　　　　　　　　　（　　　　　　　　　　　　　　　　）

▶**2** 次の文章を読んであとの問いに答えよ。

冬のユーラシア大陸は地表面が低温になるため，（　ア　）高気圧が発達する。一方，日本の東方海上には低気圧が発達するため，（　イ　）の気圧配置となり，北西の季節風が吹く。大陸から吹き出す寒冷で乾燥した空気は，日本海を渡る間に（　ウ　）海流から熱と水蒸気を供給され，日本海側の地域に（　エ　）をもたらす。春には移動性高気圧と（　オ　）が交互に訪れるようになり，天気は周期的に変化する。夏は（　カ　）気団から日本には高温多湿な風が吹き，暑い日が続く。強い日射を受け大気が不安定となり，時には激しい（　キ　）や突風に見舞われることもある。6〜9月頃は，しばしば（　ク　）が日本列島に来襲し，秋の初めの場合は秋雨前線を刺激して大雨になることがある。

(1)文章中の（　　　）にあてはまる語句を答えよ。

（ア　　　　　　　　　）（イ　　　　　　　　　）（ウ　　　　　　　　　　）

（エ　　　　　　　　　）（オ　　　　　　　　　）（カ　　　　　　　　　　）

（キ　　　　　　　　　）（ク　　　　　　　　　）

(2) 下線部について，この空気はその後，日本列島の脊梁山脈(中央部)を越え太平洋側へ吹き下りていく。その風の特徴を説明せよ。

（　　　　　　　　　　　　　　　　　　　　　　　　　　　　　　　　）

▶**3** 次の各文中の下線部について，正しいものには○を，誤っているものには正しい語句を記入せよ。

(1) 台風は秋季，日本上空に停滞する寒冷前線に作用して大雨を降らせることがある。　　（　　　　　）

(2) 台風は進路方向に対して左側の風速が強くなる傾向があるので，警戒が必要である。　（　　　　　）

(3) 夏季，オホーツク海気団の高気圧におおわれると，晴天が続く。　　　　　　　　　　（　　　　　）

(4) 集中豪雨がおこると地盤が緩み，地すべりや液状化現象が発生しやすい。　　　　　　（　　　　　）

❶ 次の文章を読み，下の問いに答えよ。

太陽表面には，黒点とよばれる領域が存在し，その領域は周囲よりも温度が（　ア　）。黒点は太陽の自転に伴って移動し，黒点の動く速さから自転周期がわかる。ィ自転周期は緯度によって異なる。太陽黒点の近くで地場のエネルギーが急激に解放され，荷電粒子が大量に放出されたり，さまざまな波長の電磁波が強く放射されたりすることがある。この現象をフレアという。ゥフレアによって放出されるX線・紫外線や高速の荷電粒子は地球にさまざまな影響を与える。

(1) 上の文章中の（　ア　）に適する語を答えよ。

（　　　　　　　　）

?(2) 上の文章中の下線部イから太陽についてどんなことがわかるか。

（　　　　　　　　　　　　　　　　　　　　）

(3) 上の文章中の下線部ウに関連して，フレアに伴って地球で観測される現象について述べた文として適当でないものを，次の①〜④のうちから一つ選べ。

① 磁気嵐が起こる。　　　　　② 高緯度地域でオーロラが発生する。

③ デリンジャー現象が起こる　④高緯度地域で雷が多発する

（　　　　　　　　）

❷ 次の文章を読んで各問いに答えよ。

太陽はいろいろな波長をもったァ電磁波をエネルギーとして放射している。地球まで達した太陽放射は，ィ大気や雲によって約30%が反射され，約20%が吸収される。

(1) 下線部アについて，地球が太陽から受け取るおもな電磁波を3種類答えよ。

（　　　　　，　　　　　，　　　　　）

(2) 地球は，エネルギーを受け取るのみであれば熱が蓄積して温度が上昇してしまうが，実際にはそのようなことはない。それは地球も宇宙にエネルギーを放射しているからである。その電磁波の種類は何か答えよ。　　　　　　　　　　　　　（　　　　　　　　）

(3) (2)の電磁波は，大気中の二酸化炭素や水蒸気によって吸収され，多くは地表に再び放射されている。このため，地表の温度は大気がないときよりも高くなっている。このような現象は何とよばれているか。

（　　　　　　　　）

(4) 下線部イについて，地球まで達した太陽放射のうち，地表まで届くのは約何%か。

（　　　　　　　　）

アドバイス

❷ ⊃ p.70
(1)(2) 電磁波は波長の長いものから順に，電波，赤外線,可視光線,紫外線,X線,γ線に分類される。

❸ 下の４枚の天気図を見て，次の各問いに答えよ。

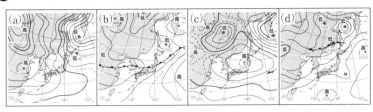

(1) 各天気図はどの季節を示しているか。下から選び記号で答えよ。
① 冬　② 春・秋　③ 梅雨　④ 夏

a(　　)　b(　　)　c(　　　)　d(　　)

(2) (a)のときの日本の天気の特徴を簡単に説明せよ。
(　　　　　　　　　　　　　　　　　　　　　　　　　　)

(3) 集中豪雨が起こりやすいのはどの天気図のときか。
(　　　　)

(4) (c)の天気図で見られる高気圧は，大陸南部で発生し，移動してきたものである。何という風に流されたものか答えよ。
(　　　　　　　)

(5) (d)の気圧配置が長期間続くと，日本で起こる可能性のある気象災害は何か。
(　　　　　　　)

❹ 次の各文のそれぞれの下線部について，正しい場合は○を，誤っている場合には正しい語句を記せ。

(1) 太陽のまわりを公転する惑星は全部で ア 9個存在する。

(2) 小惑星の大部分は ア 木星と土星の間に存在する。

(3) 木星型惑星は，おもに ア ガスからなる大型の惑星である。

(4) 地球の ア 自転によって，１年の周期で同じ時刻に見える恒星が東から西へ移動することを イ 日周運動という。

(5) 太陽暦では， ア うるう月を設けて１年の長さを調節している。

(6) 潮汐はおもに ア 太陽の引力によって生じる。新月と満月の頃には，月と太陽の起潮力が強め合って，潮位差が イ 小さくなり， ウ 小潮となる。

(7) 太陽の中心部では，水素の ア 燃焼によって莫大なエネルギーが発生し， イ ヘリウムが生成されている。

(8) 太陽放射において最もエネルギー割合が多いのは ア 紫外線である。

(1)	(2)	(3)	(4)		(5)
ア	ア	ア	ア	イ	ア
(6)			(7)		(8)
ア	イ	ウ	ア	イ	ア

(1) いずれも典型的な天気図である。各季節の気圧配置を思い出そう。
(2) シベリア大陸にある高気圧から吹き出した風は，日本海でどのように変質するだろうか。また，日本海側と太平洋側で天候が違うことに留意して解答しよう。

5章 宇宙や地球の科学

1 自然景観を知る

1 山地の形成
・褶曲と断層

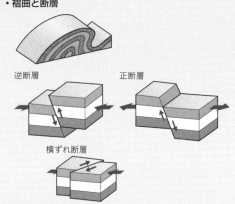

逆断層　　　　　正断層

横ずれ断層

- **褶曲**……両側から強く押され地層がねじ曲がること。
- **逆断層**……両側から押す力によってずれる断層。
- **正断層**……両側から引く力によってずれる断層。
- **横ずれ断層**…両側から押されて水平方向にずれる断層。

2 平地の形成
- **風化作用**…地表の温度差や風，植物の根や降水などにより岩石が細かく破壊されたり，二酸化炭素などによる化学反応によって変質したり溶け出したりすること。石灰岩が溶け出してつくられたのがカルスト地形である。
- **侵食作用**…河川，海の波や氷河などにより地表が削られる作用。
- **運搬作用**…河川，海流，氷河や風などにより岩石片が運ばれる作用。増水時には，大量の土砂が土石流となって一気に下流へ運ばれることがある。
- **堆積作用**…運搬作用が弱まることで，岩石片などを置き去る作用。

3 地域の自然景観
・河川地形

V字谷　　　扇状地　　　河岸段丘　　　三角州　　　蛇行

- □(1)　地層が波状に変型した構造を何とよぶか。
（　　　　　　　）

- □(2)　両側から押す力によって上下にずれる断層を何とよぶか。
（　　　　　　　）

- □(3)　両側から引く力によって上下にずれる断層を何とよぶか。
（　　　　　　　）

- □(4)　地層を押す力によって水平方向にずれる断層を何とよぶか。
（　　　　　　　）

- □(5)　大気や水などが岩石を破壊したり変質したりする作用は何か。
（　　　　　　　）

- □(6)　石灰岩が雨水の(5)により溶けてつくられる地形は何か。
（　　　　　　　）

- □(7)　岩石が流水や海の波などにより削られる作用を何とよぶか。
（　　　　　　　）

- □(8)　河川の(7)により上流に形成される地形は何か。
（　　　　　　　）

- □(9)　大雨の増水時に，大量の土砂が流れ出す現象を何とよぶか。
（　　　　　　　）

- □(10)　河川が山間地から平野に出るところに形成される地形は何か。
（　　　　　　　）

- □(11)　河川の堆積作用により河口付近に形成される地形は何か。
（　　　　　　　）

EXERCISE

▶**1** 下の図は，断層の模式図である。次の(1)～(2)の問いに答えよ。

ア 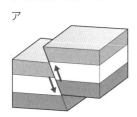　　イ 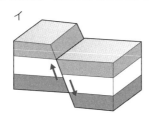　　ウ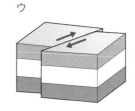

(1) ア～ウの断層の名称をそれぞれ答えよ。

(ア　　　　　　　　　　　　)
(イ　　　　　　　　　　　　)
(ウ　　　　　　　　　　　　)

(2) ア，イの断層は，「押す力」と「引く力」のどちらの力が加わったときにできるか。それぞれ答えよ。

(ア　　　　　　　　　　　　)
(イ　　　　　　　　　　　　)

▶**2** 右図は，河川によって形成される地形を示したものである。次の各問いに答えよ。

(1) ア～オの地形の名称を答えよ。

ア（　　　　　　　）
イ（　　　　　　　）
ウ（　　　　　　　）
エ（　　　　　　　）
オ（　　　　　　　）

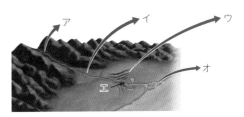

(2) イが形成される場所での河川の勾配は，どのような特徴をもつか。
（　　　　　　　　　　　　　　　　　　　　　　　　　　　　　　　　　　　　　）

(3) ウが形成される原因を簡単に説明せよ。
（　　　　　　　　　　　　　　　　　　　　　　　　　　　　　　　　　　　　　）

(4) オを形成する土壌の粒子にはどのような特徴が見られるか，イと比較して簡単に説明せよ。
（　　　　　　　　　　　　　　　　　　　　　　　　　　　　　　　　　　　　　）

▶**3** 次の(1)～(5)について，当てはまるすべての地形を下の語群から選び，記号で答えよ。

(1) おもに侵食作用によってつくられる地形。　　（　　　　　　　　　　　　）
(2) おもに堆積作用によってつくられる地形。　　（　　　　　　　　　　　　）
(3) 石灰岩地域で見られる地形。　　　　　　　　（　　　　　　　　　　　　）
(4) 氷河の作用によってつくられる地形。　　　　（　　　　　　　　　　　　）
(5) 稲作に適しており，よく利用されている地形。（　　　　　　　　　　　　）

《語群》

① U字谷　　② 扇状地　　③ 蛇行　　④ V字谷　　⑤ 三角州　　⑥ 砂浜
⑦ 砂嘴　　⑧ カール　　⑨ 砂州　　⑩ カルスト地形　　⑪ 河岸段丘

2 地球内部のエネルギー

1 日本列島の地形・地質的特徴

- **島弧**…プレートが沈み込む境界に形成される弧状の列島で，日本列島は複数の島弧からなっている。
- **海溝**…プレートが沈み込む，深い溝状の地形。島弧と平行に存在し，「**島弧−海溝系**」とよばれ激しい**地殻変動帯**となっている。
- 日本列島は，火山や地震活動，造山運動が活発で，標高差が大きく，河川はいずれも急流である。

2 日本列島とプレートテクトニクス

- **プレート**…地殻とマントルの上部を合わせた部分。**中央海嶺**で誕生し，一定方向に移動して(移動しないものもある)，**海溝**で沈み込む。
- **日本列島とプレート**…4枚のプレート境界に位置するため，地殻変動が活発である。

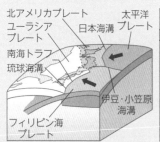

3 世界のプレート分布

□(1) 地球表層を覆う厚さ数〜数十 km ほどの部分は何とよばれているか。（　　　　　　）

□(2) 地殻とマントルの上部を合わせたかたい部分，およびその下部の深さ約 100 〜 250 km の比較的流動性が大きい部分は，それぞれ何とよばれているか。（　　　　　）（　　　　　）

□(3) プレートが誕生する場所，消滅する場所をそれぞれ答えよ。
（　　　　　　）（　　　　　）

□(4) 日本の東側にある 2 枚の海洋プレートと西側にある 2 枚の大陸プレートの名称をそれぞれ答えよ。
海洋（　　　　　　　　　）
（　　　　　　　　　）
大陸（　　　　　　　　　）
（　　　　　　　　　）

□(5) 中央海嶺や海溝付近でしばしば見られる活動を二つ答えよ。
（　　　　　）（　　　　　）

□(6) 日本列島のように，プレートの境界付近では地殻変動が活発に起こっている。このような地域は何とよばれているか。（　　　　　）

□(7) 日本列島など，弓状に連なる細長い地形は何とよばれるか。（　　　　　）

□(8) (7)と平行に伸びる海底の深い地形は何か。
（　　　　　）

□(9) (7)と(8)を一体とみて何とよぶか。
（　　　　　）

□(10) 東北日本の東側に位置する海溝名を答えよ。
（　　　　　）

□(11) 地下のマグマの熱を利用しての発電は，何とよばれているか。（　　　　　）

□(12) 有用な鉱物が濃集した部分は何とよばれているか。（　　　　　）

□(13) 近年，地殻変動を測定するために利用されている技術は何か。（　　　　　）

EXERCISE

▶**1** 右図は，日本列島付近のプレートとその境界を
示している。次の各問いに答えよ。

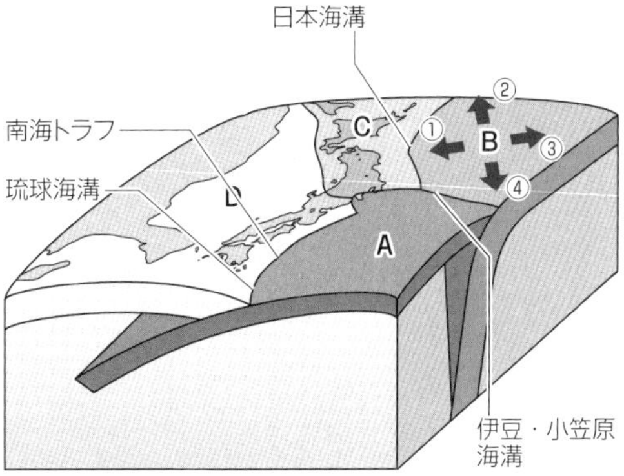

　(1)　図中のA〜Dのプレートの名称を答えよ。

　　A（　　　　　　　　　　　　　　　　　　）

　　B（　　　　　　　　　　　　　　　　　　）

　　C（　　　　　　　　　　　　　　　　　　）

　　D（　　　　　　　　　　　　　　　　　　）

　(2)　Bのプレートの移動方向として正しいものを，
①〜④から選び，記号で答えよ。　　（　　　　　）

❓(3)　BとCの境界ではどのようなことが起こっているか，簡単に説明せよ。

　　　（　　　　　　　　　　　　　　　　　　　　　　　　　　　　　　　　　　　　）

　(4)　近い将来起こると考えられている東南海地震，南海地震の発生予想地域は，2枚のプレート境界である。それはどこか，A〜Dの記号を用いて答えよ。　　　　　　　　　　（　　　と　　　）

▶**2** 次の文章中の（　　　）に適する語句を答えよ。また，《　　》には下の数値群から適するものを選んで答えよ。

　地球の表面は《ア　　　　　》枚のプレートによって覆われている。これらのプレートは（イ　　　　　　）と上部マントルの一部を合わせたもので，（ウ　　　　　　）で新しく生産される。海洋プレートは年間《エ　　　　　》の速さで移動していく。太平洋プレートは日本に向かって移動して，東日本では（オ　　　　　）から（カ　　　　　　）プレートの下に沈み込んでいく。海洋プレートは，形成されたあとは次第に厚みは（キ　　）くなっている。海洋プレートが沈み込むときに陸側のプレートが引きずられ，（ク　　　　　　）が限界に達すると発生するのが（ケ　　　　　　　　　）である。また，沈み込んだプレートが深さ《コ　　　　》に達する地点の地表には，（サ　　　　　）が帯状に分布する。

　【数値群】　0.1〜1 cm，　1〜10 cm，　10 cm〜1 m，　1〜10 m，　1 km，　10 km，　100 km，
　　　　　　500 km，　1〜数，　10 数，　20〜30

▶**3** 次の(1)〜(3)の文のうち，下線部が正しいものには○を，誤っているものには正しい語句を記入せよ。

　(1)　上部マントルの深さ約100〜250 kmの部分は流動性があり，リソスフェアとよばれている。

　　　　　　　　　　　　　　　　　　　　　　　　　　　　（　　　　　　　　　　　　　　）

　(2)　太平洋プレートは千島海溝，日本海溝，琉球海溝から大陸プレートまたは海洋プレートの下に沈み込んでいる。

　　　　　　　　　　　　　　　　　　　　　　　　　　　　（　　　　　　　　　　　　　　）

　(3)　日本列島はユーラシア大陸の東岸にあり，複数の島弧から形成されている。

　　　　　　　　　　　　　　　　　　　　　　　　　　　　（　　　　　　　　　　　　　　）

3 地震・火山のしくみと災害(1)

1 火山のメカニズム

- **マグマの発生**…海洋プレートが大陸プレートの下に沈み込む付近では，熱が発生し水が入り込んでマントルがとけやすくなりマグマが発生しやすい。
- **火山フロント(火山前線)**…火山は帯状に海溝に平行に存在し，その海溝側のラインを火山フロントとよぶ。

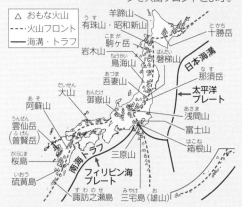

2 火山の噴火 ▶ p.80 3

- **火山の分類**

①盾状火山　②成層火山　③溶岩ドーム(溶岩円頂丘)

- **火山噴出物**

噴出物		
火山灰	粒径2mm以下の火砕物	小
火山れき	粒径2〜64mmの火砕物	↕
火山岩塊	粒径64mm以上の火砕物	大
火山ガス	水蒸気と二酸化炭素を主成分とする高温のガス	
火砕流	火山ガスと火山灰などの混合物が高速で流下する現象	

3 地震のメカニズム ▶ p.80 4

- **地震**…プレートの運動などで地殻中にたまったひずみにより，地層や岩盤が破壊されて起こる現象。
- 発生場所により2種類に分類される。
① **プレート境界地震**
　海洋プレートが大陸プレートの下に沈み込むところでは，陸側のプレートが引きずり込まれ，ひずみが限界をこえると陸側のプレートが跳ね上がって地震が起こる。海底の地震は，津波が発生する可能性がある。(海溝型地震)
② **プレート内部の地震**
　1) **内陸の浅い地震**(直下型地震)
　　大陸プレートの浅い部分で発生し，大きな被害を引き起こす場合が多い。
　2) **海洋プレート内地震**(深発地震)
　　海洋プレートが海溝から沈み込んだのち，マントル内部で割れることで発生する。震源が深い場合がある。
- **断層**…地層や岩盤がずれた割れ目。繰り返し活動し将来も活動すると予測される場合は，とくに**活断層**とよばれる。

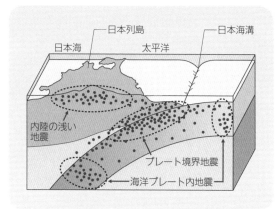

ポイントチェック

☐(1) 地下の岩石の一部が溶融してできるものは何か。　　　　　　　　　　　(　　　　　　)

☐(2) 日本付近で(1)が形成されやすいのはどこか。　(　　　　　　　　　　　　　　　)

☐(3) 日本列島で火山分布の東縁のラインは何とよばれているか。　　　　　(　　　　　　)

☐(4) 火山噴出物のうち，最も細粒のものは何か。　　　　　　　　　　　(　　　　　　)

☐(5) 地下から上昇するマグマがいったん滞留する場所を何とよぶか。　　　(　　　　　　)

☐(6) マグマから高温の火山ガスと火山砕せつ物が混合して山の斜面を流れ下る現象を何とよぶか。　　　　　　　　　　　(　　　　　　)

☐(7) 流動性に富む高温のマグマが噴出したときに流れ下る現象は何か。　　(　　　　　　)

☐(8) 火山の上部付近で大規模な陥没が起こることによって形成される地形は何か。　　　　　　　　　　　　　(　　　　　　)

☐(9) マグニチュードとは地震の何を示しているか。　　　　　　　　　　(　　　　　　)

☐(10) 各地点での地震動の大きさを示す値を何とよぶか。　　　　　　　　(　　　　　　)

☐(11) 海溝に近い地域で発生する地震は何とよばれているか。　(　　　　　　　　　　)

☐(12) 過去に活動を繰り返し，将来も活動が予測される断層を何というか。　(　　　　　　)

☐(13) 津波の発生が想定されるのはどのようなところで発生した地震か。　(　　　　　　)

E X E R C I S E

▶**1** 右図の①〜③は火山の形を示している。次の各問いに答えよ。ただし，(2)〜(6)については，①〜③の記号で答えよ。

(1) ①〜③の火山の名称を答えよ。

①(　　　　　　) ②(　　　　　　) ③(　　　　　　)

(2) 溶岩の粘性が最も大きい火山はどれか。　　　　　(　　　)

(3) 溶岩の温度が最も高い火山はどれか。　　　　　　(　　　)

(4) 火山灰と溶岩が交互に堆積して形成された火山はどれか。(　　　)

(5) 火砕流を引き起こす可能性が最も高い火山はどれか。(　　　)

(6) 次の各火山はそれぞれどのタイプに属するか。

(ア) 富士山　　　　　　　　　　　　　　　　(　　　)

(イ) 昭和新山　　　　　　　　　　　　　　　(　　　)

(ウ) キラウエア(ハワイ島)　　　　　　　　　(　　　)

(エ) 浅間山　　　　　　　　　　　　　　　　(　　　)

(オ) アイスランドの火山　　　　　　　　　　(　　　)

①

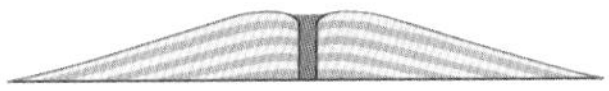

②

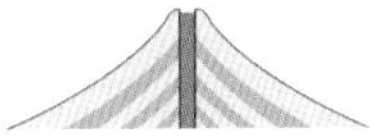

③

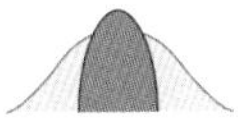

▶**2** 火山についてまとめた次の表中の(　　)に適する語句や数値を入れ，表を完成させよ。

(ア)	マグマが地表に流出したもの。伊豆大島にある(イ 　　　　　)では，流動性に富むマグマが繰り返して流出している。
火山灰	粒径が(ウ 　　　)mm 以下の細かい火砕物。鹿児島県の(エ 　　　　　)はこれを大量に噴出させることで有名な火山。
(オ)	粒径が 2 〜 64 mm の火砕物。
(カ)	粒径が 64 mm 以上の火砕物。
火山ガス	高温のガスで，主成分は(キ 　　　　　)と二酸化炭素である。
(ク)	地下でマグマがいったんためられる(ケ 　　　　　　)で圧力が高まり，マグマが上昇して噴火口へ至る通り道のこと。
(コ)	火山ガスと火山灰などの混合物が火山斜面を高速で流下する現象。非常に危険なもので，長崎県の(サ 　　　　　)では大きな被害を発生させた。

▶**3** 津波が伝わる速さ V〔m/s〕は，$V = \sqrt{gh}$ という式で求めることができる。ただし，g は重力加速度〔m/s²〕，h は津波が伝わる海域の水深〔m〕である。1960 年に南米チリの沖合で発生したチリ地震とその津波に関して，次の各問いに答えよ。

(1) チリ地震の震源地はペルー海溝付近であった。この地震はどのようにして発生したか。プレートという言葉を用いて説明せよ。

(　　　　　　　　　　　　　　　　　　　　　　　　　　　　　　　　　)

(2) 発生した津波は太平洋を横切って日本に向かった。太平洋の平均の深さを 4000 m，重力加速度の大きさを 10 m/s² として，速さ V〔m/s〕を求めよ。　　　　　(　　　　)

(3) (2)で求めた値を時速〔km/h〕に換算せよ。　　　　　(　　　　)

(4) この津波は日本に到達した。チリ・日本間の距離を 17000 km とすると，日本に到着したのは何時間後であったか。小数を四捨五入し整数値で求めよ。　　　約(　　　)時間後

4 地震・火山のしくみと災害(2)

1 さまざまな自然災害

①火山災害
・有毒ガスによって植物が枯死する
・強い酸性の水によって河川や湖沼の生物に悪影響を及ぼす
・大規模な火砕流　　雲仙・普賢岳(1991年)
　　　　　　　　　御嶽山(2014年)
・山体が崩壊　　北海道駒ケ岳(1640年)
　　　　　　　磐梯山(1888年)

②地震災害
・強い地震動による建物や構造物の倒壊
・余震が数か月続く
・津波
・液状化

③水害や土砂災害
日本の河川は、水源から河口までの標高差の割には長さが短く、傾斜が大きい
→大雨が降ると一気に流量が増し、しばしば水害をもたらす
・集中豪雨…狭い範囲に大量の雨が短時間に降る現象
・洪水、土石流、地すべりなど
・大河川が増水することによって水があふれる
・中小河川や用水路が逆流によって氾濫する
→低い土地に浸水被害

④ハザードマップ…各種の災害に対して、どこにどんなハザードがあるかを地図上に示したもの

⑤減災…自然災害をもたらす現象が発生し、そのときには被害が発生することを前提にして、その被害の程度を最小化するためのとり組み

2 自然から受ける恵み

〇石灰岩の利用
→セメントの原料として採掘される
カルスト地形や鍾乳洞は観光資源となっている

〇マグマの熱や噴出物
・地下水を温め各地に温泉を湧き出させる
・高温の蒸気を利用した暖房や地熱発電
・貴重な金属資源を地下深くからもたらし、鉱床をつくる
・独特な景観を生み出す
・地下水を蓄え、湧水をもたらす
・火山灰は、ミネラル成分や保水性に富み、農耕に適した土壌のもととなる

〇山地と降雨
湿った風が山地を越えるときに降水をもたらす
森林を育み、さまざま生物の生息場所となるとともに、水を蓄える
・河川によって運び出された土砂
　→下流部に堆積して新しく平地を生み出す
・断層の活動によってつくられた直線的な地形
　→重要な交通路として古くから利用

〇自然環境の保全
・国立公園・国定公園
…自然景観と野生動物の保護がおもな目的

・ジオパーク
…自然環境の保全、自然を活用した教育、地域の持続可能な発展

ポイントチェック

□(1) 火山から噴出することで、周辺の植物を枯死させるものは何か。　　　　　　(　　　　　　)

□(2) 噴出した火山ガスが火山灰や礫(れき)を巻き上げ、斜面を高速で流化する現象を何とよぶか。
　　　　　　　　　　　　(　　　　　　)

□(3) 地震動によって砂粒子が水中に浮遊し、液体のような状態になる現象を何というか。
　　　　　　　　　　　　(　　　　　　)

□(4) 本震後に発生する地震を何とよぶか。
　　　　　　　　　　　　(　　　　　　)

□(5) 梅雨の末期に起こりやすい気象災害は何か。
　　　　　　　　　　　　(　　　　　　)

□(6) 日本の河川は、水源から河口までの標高差に対して長さは長いか短いか。
　　　　　　　　　　　　(　　　　　　)

□(7) 各種の災害に対して、どこにどのような災害が発生する可能性があるかを地図上に示したものを何とよぶか。
　　　　　　　　　　　　(　　　　　　)

□(8) 自然災害に対して、被害が発生することを前提にして、その被害の程度を最小化するためのとり組みを何というか。
　　　　　　　　　　　　(　　　　　　)

□(9) セメントの原料として採掘される岩石の名称を答えよ。　　　　　(　　　　　　)

□(10) マグマによって熱せられた水を利用した発電方式を何というか。
　　　　　　　　　　　　(　　　　　　)

□(11) 自然環境の保全、自然を活用した教育、地域の持続可能な発展を目的とした事業を何というか。
　　　　　　　　　　　　(　　　　　　)

EXERCISE

▶1 次の文の空欄に適する語句を下の語群から選べ。

　火山災害の要因となるおもな火山現象には，大きな噴石，火砕流，融雪型火山泥流，溶岩流，小さな噴石・（　ア　），火山性岩なだれ，（　イ　）などがある。（　ウ　）は，噴出した（　イ　）が火山灰や礫を巻き上げ，斜面を高速で流化する現象で，噴火に伴って短時間に発生し，避難までの時間的ゆとりがなく，生命に対する危険性が高い。

　また，（　イ　）は，噴火に至らない場合でも噴出して植物を枯死させたり，強い酸性の水により河川や湖沼の生物に悪影響をおよぼしたりすることがある。

　【語群】　火砕流　　　泥流　　　溶岩流　　　土石流　　　火山ガス　　　火山灰

　　　　　（ア　　　　　　　　　　　）（イ　　　　　　　　　　　）（ウ　　　　　　　　　　　）

▶2 津波について述べた文として適当でないものを次の①～④のうちから一つ選べ。　　　（　　　）
① 直線状の海岸線でも津波の被害が発生することがある。
② 日本海で発生する地震でも津波が発生することがある。
③ 津波は 500km 以上離れたところまで到達することがある。
④ 台風によって津波が発生することがある。

▶3 液状化現象について述べた文として最も適当なものを，次の①～④のうちから一つ選べ。　　（　　　）
① 都市域以外では液状化現象は起こらない。
② 液状化現象は地下水位の高い埋め立て地で起こりやすい。
③ 液状化現象が起こるのはマグニチュード 8 以上の地震である。
④ 液状化現象は砂地でないと起こらない。

▶4 火山は噴火すると周辺に被害を与えることがある一方で，人間の役に立つことも多い。次の文の①～④について，火山が人間の役に立つことを述べた文として正しいものをすべて選べ。　　（　　　）
① 火山灰でおおわれた大地は，扇状地よりも水稲栽培に適している。
② 火山地帯には，地熱発電に利用できる場所がある。
③ 火山の周辺には，観光資源となり得る独特の景観が広がっていることが多い。
④ 火山灰の地層には，石油が含まれていることが多い。

▶5 ハザードマップについて述べた文として最も適当なものを，次の①～④のうちから一つ選べ。
① ハザードマップは地形図の上に地層の分布を示したものである。　　　（　　　）
② ハザードマップは，地形・地質と過去の災害例をもとに作成されている。
③ 火砕流の危険地域を知るためにハザードマップを利用するのは不適切である。
④ 地盤沈下の速さを判断するためには，ハザードマップが有効である。

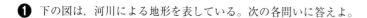

節末問題

❶ 下の図は，河川による地形を表している。次の各問いに答えよ。

(a)   (b)   (c)

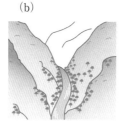

(1) 各写真が示す地形の名称を答えよ。

a (　　　　　　　)　b (　　　　　　　)　c (　　　　　　　)

(2) 河川の上流から下流になるよう 3 枚の図を並べ記号で答えよ。

(　　　) → (　　　) → (　　　)

(3) 河川の侵食作用でつくられた地形は (a) ～ (c) のどれか

(　　　　　　　)

(4) 水はけがよく果樹園として利用されているのは (a) ～ (c) のどれか。

(　　　　　　　)

(5) 粘土などの細粒物質が多く堆積しているのは (a) ～ (c) のどれか。

(　　　　　　　)

(6) どのような条件があると (b) のような地形が発達するか。2 点あげて説明せよ。

(　　　　　　　　　　　　　　　　　　　　　　　　　　　)
(　　　　　　　　　　　　　　　　　　　　　　　　　　　)

❷ 火山噴火に関する次の文章を読み，下の問いに答えよ。

　火山噴火によって地表や大気中に放出される火山噴出物には，溶岩・火砕物(火砕物質，火山砕屑物)および火山ガスがある。火砕物はその性質や大きさなどにより，火山灰・火山岩塊・火山弾などに分類される。高温の火砕物とガスが入り混じって山腹を流れ下るものを火砕流とよぶ。

(1) 火山ガスに含まれる成分のうち，最も割合の多いものを答えよ。

(　　　　　　　)

(2) 火山噴出物について述べた文として誤っているものを，次の①～④のうちから一つ選べ。

(　　　　　　　)

① 火山灰が分布するのは，火口から 100 km 以内の範囲に限られる。

② 同じ火口から，火山ガスと溶岩が同時に放出されることがある。

③ 一般に SiO_2 量が多いマグマほどガス成分は蓄積され，その割合が増す。

④ 火砕流は高速で流れ，その速度は時速 100 km を超えることがある。

❶ ➲ p.92

アドバイス

(6) 河川の勾配や地域を構成する岩石のかたさに着目して，考えてみよう。

❸ 次の文章を読み，下の問いに答えよ。

右の図は，日本列島付近の海溝とトラフの分布を示した図である。図中の海溝では，（　ア　）プレートが海溝の西側にあるプレートの下に沈み込んでいる。また，東海から四国にかけてのトラフの部分では，（　イ　）プレートがトラフの北側にあるプレートの下に沈み込んでいる。

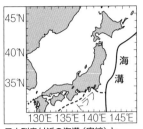

日本列島付近の海溝（実線）と
トラフ（破線）の分布

アドバイス

(1)　文中のア，イに適する語句を答えよ。
（ア　　　　　　　　　）（イ　　　　　　　　　）

(2)　図中の東北日本における深発地震の震源分布にはどのような特徴が見られるか。簡潔に答えよ。
（　　　　　　　　　　　　　　　　　　　　　　　　　　　）

❹ 次の各地域で過去に発生した，または起こりやすい自然災害は何か。下の①～⑩より最も適するものを選び，記号で答えよ。なお，同じものを繰り返し選んでよい。

(1)　雲仙普賢岳　　(2)　伊勢湾　　(3)　奥尻島　　(4)　北陸地方
(5)　三宅島　　(6)　神戸ポートアイランド　　(7)　瀬戸内地方
(8)　三陸地方　　(9)　沖縄県　　⑩　キラウエア火山

《選択肢》
①　干ばつ　②　豪雪　③　集中豪雨　④　台風　⑤　高潮
⑥　津波　⑦　火砕流　⑧　溶岩流　⑨　山崩れ　⑩　液状化現象

(1)＿＿＿＿　(2)＿＿＿＿　(3)＿＿＿＿　(4)＿＿＿＿　(5)＿＿＿＿
(6)＿＿＿＿　(7)＿＿＿＿　(8)＿＿＿＿　(9)＿＿＿＿　(10)＿＿＿＿

❹ ⊃ p.96，p.98
奥尻島は1993年の北海道南西沖地震（奥尻島近海の海底で発生した）により甚大な被害を負った。神戸ポートアイランドは埋め立て地，三宅島の雄山およびハワイ島のキラウエア火山はともに玄武岩質の火山，雲仙普賢岳は粘性の強いマグマの火山である。

❺ 台風による集中豪雨について，次の問いに答えよ。
いま，一辺が30 kmの正方形で近似された地域に，1時間に20 mmの降水量があったとする。

(1)　この地域での1時間あたりの総降水量は何 m³ か，求めよ。
（　　　　　　　　　　　　　）

(2)　この降雨が4時間降り続いたという。このときの総降水量は東京ドーム何杯分となるか。ただし，東京ドームの容積は120万 m³ とする。
（　　　　　　　　　　　　　）

(3)　この降雨が原因で，洪水が起きてしまった。このように，日本の河川ではしばしば水害が発生している。その原因として誤っているものを選択肢から選び，記号で答えよ。　　（　　　）
①　日本の河川は勾配が大きい。
②　都市部では，地面がコンクリートに覆われ地下に水が浸透しにくい。
③　おもな日本の地質は砂質である。
④　地形が複雑で，集中豪雨が発生しやすい。

❺ ⊃ p.98
(1)　降水量は水が流出しないとして，深さで表現される。降水面積（正方形の面積）に降水量（深さ）を掛ければ，地域に降った総降水量（立方体の体積）となる。
・単位換算のヒント
1 km ＝ 1000 m
1 m ＝ 1000 mm

5章　宇宙や地球の科学

1 これからの科学と人間生活

1 科学のこれから

知的好奇心…本質を明らかにしようとする意志。
観察・実験…**共通性**(基本法則)の発見。
　　　　　　(例)生命活動を支えるのは DNA。
自然界………**多様性**の存在。

　　　　　　(例)アリもいればゾウもいる。
　　　　　　自然界は共通性をもち，かつ多様。
　　　　　　自然界の成り立ちを知る研究が必要。

2 科学技術のあり方

誤った利用　(例)核兵器の開発と使用。
正しい利用　(例)生活の便利さや経済的豊かさを求めた
　　　　　　　　利用。
利用の影響　(例)地球環境問題の発生。

3 環境問題とは何か

• 体の中に取り入れるものが汚染されること。

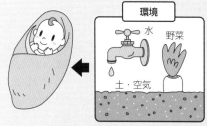

• 環境自体を変化させてしまうこと。
　(例)**地球温暖化**が進むと北極や南極の氷が溶け，海抜
　　　の低い島は沈没する恐れがある。
　(例)石油に依存した結果，その燃焼により発生した二
　　　酸化炭素が大気中にたまっている。

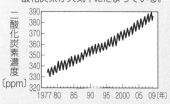

(例)温室効果ガスによって地表に熱がたまり，平均気
　　温が上昇している。

太陽からの熱

• 環境への負荷の少ない科学技術の開発が必要。

4 壊される自然

熱帯多雨林の機能
• 光合成(二酸化炭素の吸収と酸
　素の供給)
• 水の保持
• 多くの生物の生活の場
科学技術の力では代替不可能。
自然の力をいかすことが大切。人間も自然の一部。

ポイントチェック

□(1)　観察や実験で発見されるものは何か。
　　　　　　　　　　　　　　(　　　　　　　)

□(2)　自然界に存在する(1)以外のものは何か。
　　　　　　　　　　　　　　(　　　　　　　)

□(3)　これからは自然界の何を知る研究が必要か。
　　　　　　　　　　　　　　(　　　　　　　)

□(4)　誤った科学技術の利用例をあげよ。
　　　　(　　　　　　　　　　　　　　　　　)

□(5)　正しい科学技術の利用例をあげよ。
　　　　(　　　　　　　　　　　　　　　　　)

□(6)　科学技術の利用によって生じた問題は何か。
　　　　(　　　　　　　　　　　　　　　　　)

□(7)　私たちを取り巻く環境の例をあげよ。
　　　　(　　　　　　　　　　　　　　　　　)

□(8)　環境問題の例を二つあげよ。
　　　　(　　　　　　　　　　　　　　　　　)
　　　　(　　　　　　　　　　　　　　　　　)

□(9)　今後求められている科学技術はどのようなも
　　　のか。
　　　　(　　　　　　　　　　　　　　　　　)

□(10)　熱帯多雨林の機能を三つ答えよ。
　　　　(　　　　　　　　　　　　　　　　　)
　　　　(　　　　　　　　　　　　　　　　　)
　　　　(　　　　　　　　　　　　　　　　　)

EXERCISE

❷ ▶**1** 次のことがらについて，共通性と多様性を具体的に答えよ。

(1) 生物

(共通性)	(共通性)
(多様性)	(多様性)

(2) 星

❷ ▶**2** 地球温暖化が進み，北極や南極の氷が溶けるようになると海面が上昇する。これにより考えられる影響を答えよ。

(   )

❷ ▶**3** 下図のグラフは，ハワイ・マウナロア山で測定した大気中の二酸化炭素濃度の推移である。このような変化をしている理由を答えよ。

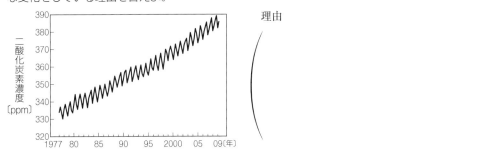

理由

(   )

❷ ▶**4** 森林は，光合成，水の保持，多くの生物の生活の場という三つの機能をもっており，これは科学技術で代替することはできない。森林が失われるとどうなるか。機能ごとにその影響を答えよ。

(1) 光合成(二酸化炭素の吸収と酸素の放出)

(   )

(2) 水の保持

(   )

(3) 多くの生物の生活の場

(   )

❷ ▶**5** 地球温暖化を防止するための方法を答えよ。

(   )